中国人民大学出版社
·北京·

教材编写委员会

总　序

当前，中等职业教育"职业能力"培养的实施、课程与教学改革的推进已经越来越指向教与学这个最普通、最基本的行为，改变传统教学行为、向学科本位的教学思想宣战等说法已不鲜见。然而，在学校里，真正改变原有教与学行为方式的重要载体是教材，因此，教材建设将成为中职课程与教学改革的重要环节。为实现服务首都世界城市建设，培养高质量技能型人才的目标，北京市朝阳区教育委员会决定于"十二五"期间启动系列专业教材开发行动计划，这是全面提升职业教育办学水平的重大举措，也是区域职业教育教学改革和人才培养模式创新的重要历史任务。

本系列教材编写致力于突出"四个体现"：

第一，体现职教特色与学生终身发展需要。紧密结合社会经济发展和市场经济需求并与之相适应，关注学生认知规律和职业成长发展规律。

第二，体现职业教育课改思想。教材编写以工作过程系统化、典型工作任务为基础，以工作项目为载体，遵循"教学做合一"的基本原则。

第三，体现校企合作、工学结合的基本特征。教学内容符合岗位特点，针对工作任务训练技能，针对岗位标准实施考核评价。

第四，体现行动导向的教学思想。积极创新教学模式，遵循"以人为本"、"做中学"的教学原则，实施多样化的教学模式。

本系列教材的编写以建设现代高端职业教育为目标，以高标准、创品牌、出精品为宗旨。编写过程分为组建专业团队、全面开展培训、统一思想认识、组织团队研讨等阶段；同时经历了企业调研、专家指导、集中论证、专业把关、严格修改等必要环节。

整个编写过程，对于广大一线教师而言，是一个不断成长和发展的过程，也是一个不断拓展和提升的过程。尽管他们的专业背景各有不同，对课改的理解和内化各有差异，但是，他们都很努力地投入到课程与教学改革实践中去学习和感悟，尤其在编写过程中，他们的体验逐渐丰富，认识逐渐深化，研究水平逐渐提升。教材凝聚了职教教师在长期教学实践中的丰富经验和智慧，记载着他们不断探索、勇于创新的艰辛历程。可以说，教师们尽了自己最大的努力来表达他们对职教课改的研究和理解。

此系列教材的编写得到了北京市朝阳区委教育工委和区教委的高度重视，区教育研究中心承担了教材编写的研究、组织和指导工作，北京市部分职业学校积极参与了此项工作，一批优秀的骨干教师积极投身到教材编写工作中，并为此付出了辛勤的汗水。教材编写得到了北京教育科学研究院有关领导、专家的指导，得到了相关行业企业的大力支持，在此深表感谢！还要特别感谢中国人民大学出版社为教材出版所做的辛勤工作！

本系列教材的出版，尽管得益于众多专家的指导，经过编写团队的多次修改、加工，但受时间紧、任务重、水平有限的局限，仍然有许多不足之处，敬请批评指正！

教材编写委员会

2012 年 1 月

前　言

随着科学技术的飞速发展，人类已经进入高度发达的商品社会，市场里各种电子产品琳琅满目，给人们的生活带来了极大的方便。电子产品广泛应用于工农生产、医疗器械、航空航天、军工制造等各个领域。目前涉及电子产品装配与调试课程的专业类别主要包括信息技术类、农林牧渔类、加工制造类、交通运输类和土木水利类，涉及的专业类别多、范围广，涵盖方方面面。

本书以全国职业院校技能大赛电子产品装配与调试竞赛项目的内容与要求为蓝本，力求突破传统学科教学体系框架，建立以工作过程为导向，以项目式教学为抓手，以学生的职业能力培养为目标的体系框架。所涉及的教学项目紧扣未来学生实际工作需要，在项目的学习过程中让学生充分体验"学中做、做中学、学有所用"的职业教育特色。

职业教育的目的是培养学生的综合职业能力，是面向全体学生的技能型教育，而综合职业能力是在经历完整工作过程中不断积累逐步形成的。为了更好地培养学生的综合职业能力，学习任务必须密切结合生产生活实际，因此在本书的编写过程中，我们对每个学习任务进行了有目的的设计，尽量使学生在完成工作任务中不仅获得与实际工作过程有着紧密联系、带有经验性质的工作过程知识，而且获得成就感，激发学生的兴趣，增强学习的信心。本书的每个工作任务均来源于实际，在本书的引领下，学生可以通过自己动手训练，掌握电子产品装配与调试的知识与技能。

本书的最大特点是兼备教材与学材的双重性质，所有项目均来源于实际生活和生产一线，内容包括音乐彩灯控制器、恒温控制器、综合报警器、汽车倒车雷达及测速器和定额感应计数器，并介绍了相关知识。

本书由冯佳任主编并对全书进行统稿。其中，项目1由权福苗编写，项目2由王林、冯佳编写，项目3、5由冯佳编写，项目4由赵维、冯佳编写。此外，参与本书编写的还有郎月田、周越、丁建平、吕彦辉、刘莉、王艳花、赵继洪、杨树英、刘品生、王洪权、崔肖娜、桑舸、高铮、王连风等老师，书中部分插图得到了董慧、熊映、杨萍萍等同学的帮助。

本书适用于中等职业学校信息技术类、加工制造类等相关专业教学与实习实训，也可作为中等职业学校学生参加全国中职电子产品装配与调试项目技能大赛赛前系统训练与提高的备赛指导用书。

在本书编写过程中得到了北京市电气工程学校刘淑珍校长、刘杰书记的大力支持，同时得到了企业专家田伟建先生和胡光进先生的帮助；本书中的相关技术资料由中国·亚龙科技集团公司提供；北京市朝阳区教育研究中心古燕莹老师审阅了全书，北京市课改专家孙雅筠副教授对本书提出了宝贵的修改意见；家人的全力支持也为本书的顺利完稿奠定了基础，尤其是本人的妻子朱雪曾多次协助本人校阅书稿，在此一并表示感谢。

由于编者水平有限，书中错误与不足在所难免，恳请读者批评指正，可通过 E-mail 联系我们：jiaocaixiezuo_dpj@126.com。

编者

2012 年 2 月于北京

目　录

项目1　音乐彩灯控制器 ……………………………………………………………… 1

项目2　恒温控制器 ……………………………………………………………… 38

项目3　综合报警器 ……………………………………………………………… 82

项目4　汽车倒车雷达及测速器 ……………………………………………… 124

项目5　定额感应计数器 ……………………………………………………… 164

附录　2011年全国职业院校电工电子技能大赛电子产品装配与调试项目任务书 …… 187

参考文献 ………………………………………………………………………… 201

音乐彩灯控制器

在中国的传统节日中，人们往往喜欢把生活和工作的环境装饰一新，而彩灯就是必不可少的常用装饰品之一，如图 1—1 所示。传统的彩灯多采用蜡烛作为发光源，随着现代电子技术的不断发展，暖光源逐渐被冷光源所取代且样式多种多样，本项目向大家介绍一款新颖的音乐彩灯控制器的制作方法，它可以让我们未来的节日环境焕然一新。

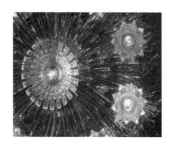

图 1—1　节日装饰彩灯

项目描述

根据音乐彩灯控制器电路原理图，把选取的电子元器件及功能部件正确地安装在产品的印制电路板上。根据电路图和焊接好的电路板，对电路进行调试与检测，并根据要求绘制电路原理图。

一、音乐彩灯控制器实物图

音乐彩灯控制器实物图，如图 1—2 所示。

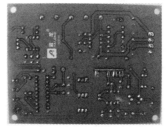

图 1—2　音乐彩灯控制器实物图

二、项目要求

（一）电源电路工作正常

正确连接电源，用万用表测试 IC_3 的 8 脚电压为 5V，测得 IC_1 的 4 脚电压为 -12V，并测得 IC_1 的 8 脚电压为 12V，则表示电源电路工作正常。

（二）矩形波振荡器及整形电路工作正常

把开关 K_1 拨到位置 1，使 2、1 相连，接通电源，TP_3 有矩形波产生，调整 R_{10}，矩形波频率变化。TP_1 也有矩形波出现，矩形波振荡器及整形电路工作正常。

（三）555 振荡电路工作正常

把开关 K_2 拨到位置 1，使 2、1 相连，接通电源，TP_5 有脉冲波出现，调整 RP_1，脉冲波频率变化，555 振荡电路工作正常。

（四）音乐报警电路工作正常

把开关 K_3 拨到位置 3，使 2、3 相连，接通电源，可听到音乐声音，音乐报警电路工作正常。

三、电路原理图

音乐彩灯控制器电路原理图如图 1—3 所示。

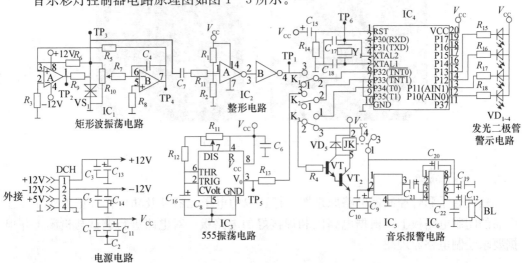

图 1—3　音乐彩灯控制器电路原理图

四、电路框图

音乐彩灯控制器电路框图如图 1—4 所示。

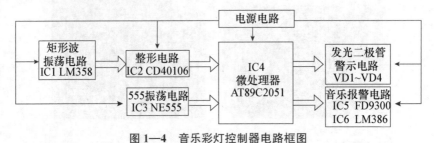

图 1—4　音乐彩灯控制器电路框图

项目分析

音乐彩灯控制器电路由六部分组成，分别是电源电路、矩形波振荡器及整形电路、555 振荡电路、音乐报警电路、单片机最小系统控制电路、发光二极管警示电路。

(1) 电源电路：该电源电路使用外接电源，分别接直流＋12V、－12V 和＋5V 三路。

(2) 矩形波振荡器及整形电路：集成运算放大器 IC_1 的 5、6 脚输入信号，7 脚输出信号反馈到 3 脚，2、3 脚输入信号，1 脚输出矩形脉冲信号经整形电路后送至开关 K_1，拨动开关 K_1 于 2 与 3 相连，信号被送入 AT89C2051 单片机控制电路的 6 脚 (INT0) 外中断 0，15 脚 (P1.3) 输出信号，使二极管 VD_1 亮。

(3) 555 振荡电路：由 NE555 的 3 脚输出矩形脉冲信号，送至开关 K_2，拨动开关 K_2 于 2 与 3 相连，信号被送入 AT89C2051 单片机控制电路的 7 脚 (INT1) 外中断 1，14 脚 (P1.2) 输出信号，使二极管 VD_2 亮。

(4) 音乐报警电路：把开关 K_3 拨到位置 3，使 2、3 相连，接通电源，继电器常开触点闭合，复合管导通，音乐集成芯片 FD9300 的 3 脚输出音频信号，至音乐功率放大器 LM386N 的 3 脚，放大后由管脚 5 输出，推动扬声器发出声音。

(5) 单片机最小系统控制电路：按照外围电路输入的不同信号进行工作，按照控制程序输出不同的控制信号。

(6) 发光二极管警示电路：由发光二极管 $VD_1 \sim VD_4$ 和电阻器 $R_{15} \sim R_{18}$ 等组成，根据控制电路输入的不同信号，按要求点亮不同的发光二极管。

 项目信息

一、电源电路

该电源电路使用外接电源，分别接直流＋12V、－12V 和＋5V 三路，如图 1—5 所示。

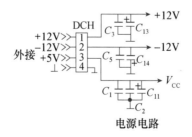

图 1—5　电源电路原理图

根据音乐彩灯控制器电路原理图（如图 1—3 所示），请将表 1—1 填写完整。

写一写

表 1—1　　　　　　　　　　　集成电路外接电源电压

序号	标号	集成电路型号	引脚	外接电源电压
1	IC$_1$	LM358	4	—12V
2	IC$_1$	LM358	8	
3	IC$_2$	CD40106	14	+5V
4	IC$_3$	NE555	8	
5	IC$_4$	AT89C2051	20	
6	IC$_5$	FD9300	1	
7	IC$_6$	LM386N	6	
8	JK	HRS1H-S	1	+5V

二、矩形波振荡器及整形电路

(一) 矩形波振荡器

矩形波振荡器电路，主要由集成电路 IC$_1$（LM358）构成。LM358 由内部两个独立、高增益、带内部频率补偿的双运算放大器组成。既适合于电源电压范围很宽的单电源使用，又适用于双电源工作模式。在典型工作条件下，电源电流与电源电压无关。它的使用范围包括传感器放大电路、音频放大器、工业控制、直流增益部件和其他可用单电源供电使用运算放大器的场合。

LM358 常见的封装形式有双列直插式、贴片式和圆形金属壳式三种。

写一写

请写出下列 LM358 的封装形式

_____　　　　_____　　　　_____

1. LM358 封装引脚图及引脚名称

LM358 双列直插式封装引脚图，如图 1—6 所示。

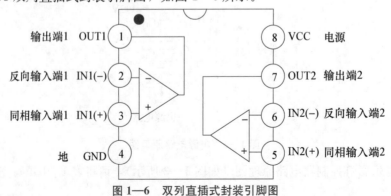

图 1—6　双列直插式封装引脚图

LM358 圆形金属壳封装管引脚图，如图 1—7 所示。

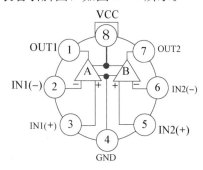

图 1—7　圆形金属壳封装管引脚图

根据图 1—6、图 1—7 所示，将表 1—2 中的引脚名称填写完整。

写一写

表 1—2	LM358 引脚名称	
引脚序号	标号	引脚名称
1	OUT1	输出端 1
2	IN1（—）	
3	IN1（+）	
4	GND	
5	IN2（+）	
6	IN2（—）	
7	OUT2	
8	VCC	

2. LM358 典型应用电路

图 1—8 所示为利用 LM358 制作的直流 12V 闪光灯电路。

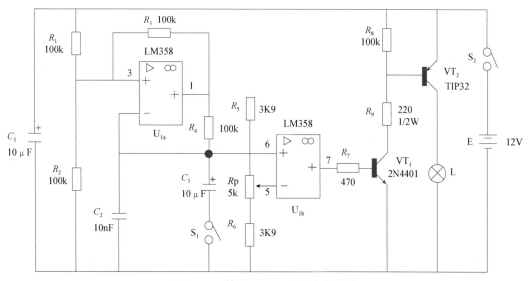

图 1—8　基于 LM358 的闪光灯电路

当开关 S_2 闭合时，电路接通电源为 U_{1a} 组成的方波信号发生器供电。此时 U_{1a} 运算放大器 1 脚输出方波信号。U_{1b} 构成的是同相电压比较器，当开关 S_1 闭合时，电解电容 C_3 开始充电，当 U_{1b} 的 6 脚（反向输入端）的电压比 5 脚基准电压低时，7 脚输出低电平信号。当 6 脚电压高于 5 脚基准电压时，7 脚输出高电平信号。信号使三极管 VT_1 导通，放大后的信号由集电极输出，使得三极管 VT_2 也导通，VT_2 集电极输出放大后的电流使小灯泡点亮。此时如调整电位器 R_P，将使基准电压发生变化，可以改变闪光灯电路启动时间的长短。

3. 矩形波振荡器电路

矩形波振荡器电路如图 1—9 所示。图中 A、B 分别为 LM358 中的两个集成运算放大器，由运放 A 组成的电路为比较器，由运放 B、C_4 和相关电阻组成的电路为积分电路。运放 A 的输出端 1 脚把输出信号经 R_6、R_9 反馈到输入端 3 脚，形成正反馈。运放 B 的输出端 7 脚的输出信号经 R_5 同样输入到运放 A 的输入端 3 脚，控制运放 A 的工作状态，由于在运放 A 的输出端接有 VS_1 双向稳压二极管进行限幅，所以测试点 TP_3 的波形为矩形波。

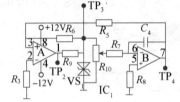

图 1—9　矩形波振荡电路原理图

而由运放 B、C_4 和相关电阻组成的电路为积分电路，运放 B 的输出端 7 脚输出三角波信号。调节 R_{10} 可以影响该积分电路的充、放电时间，从而改变三角波的频率，同样也可以改变矩形波的频率及正弦波的频率。也就是说，通过调整电位器 R_{10}，就可以改变各输出波形的频率。

（二）整形电路

在整形电路中，主要由集成电路 IC_2（CD40106）及外围电路构成。CD40106 由六个独立的斯密特触发器电路组成，每个电路均为具有斯密特触发器功能的反相器。

1. CD40106 引脚

CD40106 引脚如图 1—10 所示。

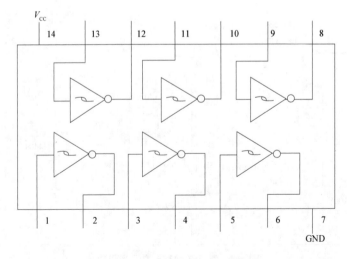

图 1—10　CD40106 引脚图

请根据 CD40106 引脚图，将表 1—3 中的引脚名称填写完整。

✏️**写一写**

表 1—3 CD40106 引脚功能

引脚序号	引脚名称
1、3、5、9、11、13	
2、4、6、8、10、12	信号输出端
7	
14	

📝**试一试**

CD40106 由六个斯密特触发器电路组成。请动手搭建电路试一试，如果给输入端加上不同的信号，输出端会有什么改变？

如果在 1 脚输入高电平，2 脚将输出_____；

如果在 9 脚输入低电平，8 脚将输出_____。

2. 整形电路的工作原理

基于 CD40106 的整形电路，如图 1—11 所示。在整形电路中，起到波形整形作用的主要是两级串联的反向器，电阻 R_1、R_2 构成分压电路，当输入信号发生变化时，经过反相器滤波并整形后，使输出信号和输入信号保持一致。

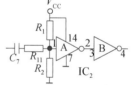

图 1—11 整形电路原理图

三、555 振荡电路

555 振荡电路主要由 IC_3（NE555）和外围电路构成，其中 NE555 实物如图 1—12 所示。NE555 的应用电路有很多，只要改变 NE555 集成电路的外围电路，就可以构成几百种具有不同功能的应用电路。尽管应用电路种类多样，但 555 电路大体上可分为单稳态、双稳态及无稳态（即振荡器）三种。

（一）NE555 引脚图

NE555 集成电路的引脚图，如图 1—13 所示。

图 1—12 NE555 实物图

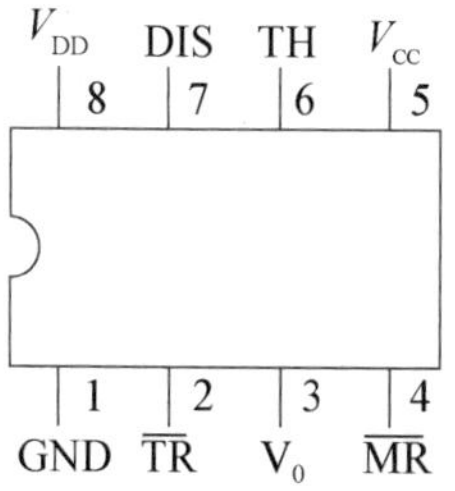

图 1—13 NE555 引脚图

根据 NE555 集成电路的引脚图 1—13 所示，请将表 1—4 填写完整。

✏ 写一写

表 1—4　　　　　　　　　　　　　　NE555 引脚功能

引脚序号	引脚名称	引脚功能
1	GND	
2	TR	触发端
3	V_0	
4	MR	复位端
5	V_{CC}	
6	TH	
7	DIS	
8	V_{DD}	

（二）NE555 振荡电路的工作原理

由 NE555 集成芯片作为核心器件组成振荡电路，如图 1—14 所示。接通电源后，电源 V_{CC} 通过 RP_1 和 R_{12} 对电容 C_{16} 充电，当电容电压 $U_c < 1/3V_{CC}$ 时，振荡器输出高电平，放电管截止。当充电到 $U_c \geqslant 2/3V_{CC}$ 后，振荡器输出翻转成低电平，此时放电管导通，使 7 脚放电端（DIS）接地，电容 C_{16} 通过 R_{12} 对地放电，使 U_c 下降。当 U_c 再次下降到 $\leqslant 1/3V_{CC}$ 后，振荡器输出端 V_0 又翻转成高电平，此时放电管再次截止，使放电端（DIS）不接地，电源 V_{CC} 通过 RP_1 和 R_{12} 又对电容 C_{16} 充电，又使 U_c 从 $1/3V_{CC}$ 上升到 $2/3V_{CC}$，触发器又发生翻转，如此周而复始，从而在输出端 V_0 得到连续变化的振荡脉冲波形。

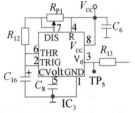

图 1—14　555 振荡电路原理图

✍ 试一试

请根据电路功能介绍，正确搭建并调试电路，当 555 振荡电路正常工作时，测量测试点 TP5 上的波形信号。

波形	周期	幅度
	$T=$ _____ ms	$V_{P-P} =$ _____ V

四、音乐报警电路

音乐报警电路主要由音乐集成芯片 IC_5（FD9300）和音频功率放大器 IC_6（LM386N）组成。

（一）音乐集成电路

FD9300 是一块音乐集成电路芯片实物图，如图1—15 所示。FD9300 音乐集成电路是软包封，即芯片直接用黑胶封装在一小块电路板上，它可以输出不同类型的音频信号。

图1—15 FD9300 音乐集成
电路芯片实物图

（二）音频功率放大器

LM386 是专为低损耗电源所设计的功率放大器集成电路。它的内部增益 20 倍，在芯片 1 脚和 8 脚间加一个 $10\mu F$ 的铝电解电容，增益最高可达 200 倍。LM386 可使用电池供应电源，输入电压范围 $4\sim12V$，无作动时仅消耗 4mA 电流，且失真低。

LM386N 集成电路实物图如图1—16 所示，引脚图如图1—17 所示。

图1—16 LM386 实物图

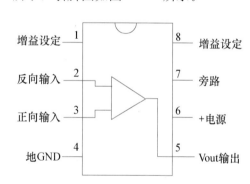

图1—17 LM386N 引脚图

根据 LM386N 集成电路引脚图1—17，将表1—5 填写完整。

✎ 写一写

表1—5　　　　　　　　　　　LM386N 引脚功能

引脚序号	引脚功能
1	
2	
3	
4	
5	
6	
7	
8	

LM386 被广泛应用于日常音频功率信号的放大过程中，通过对 LM386 外围电路中电容器数值的增减，可以达到提高放大倍数的目的。LM386 定性应用电路如图 1—18、图 1—19 所示。

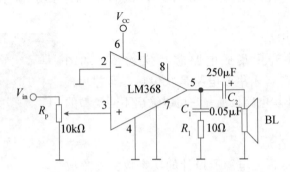

图 1—18　20 倍增益音频功率放大器电路

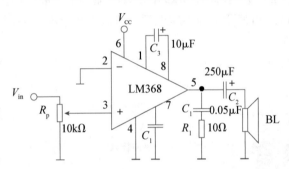

图 1—19　200 倍增益音频功率放大器电路

（三）达林顿管

达林顿管又称复合管，它采用复合连接方式，将二只三极管适当地连接在一起，以组成一只等效的新三极管，连接正确后极性与前面的三极管保持一致。等效后三极管的放大倍数是两只三极管放大倍数的乘积。

达林顿电路有四种接法：NPN＋NPN，PNP＋PNP，NPN＋PNP，PNP＋NPN，如图 1—20 所示。

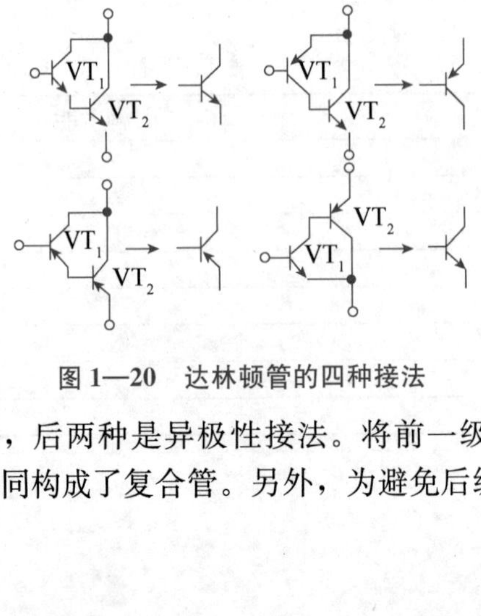

图 1—20　达林顿管的四种接法

前两种是同极性接法，后两种是异极性接法。将前一级 VT_1 的输出接到下一级 VT_2 的基极，两级管子共同构成了复合管。另外，为避免后级 VT_2 管子导通时，影响

前级管子 VT_1 的动态范围，VT_1 的 CE 不能接到 VT_2 的 BE 之间，必须接到 CB 间。

✎ 写一写

判断下列面达林顿管连接成哪种三极管？

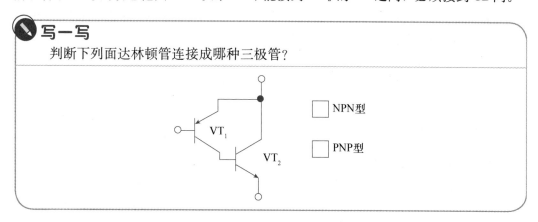

☐ NPN型

☐ PNP型

（四）继电器

继电器是一种可控器件，实物如图 1—21 所示。它具有控制系统（又称输入回路）和被控制系统（又称输出回路），通常应用于自动控制电路中。它实际上是用较小的电流去控制较大电流的一种"自动开关"。故在电路中起着自动调节、安全保护、转换电路等作用。继电器所使用的工作电压有 DC 12V、DC 9V、DC 5V 等。对于继电器的"常开、常闭"触点，可以这样来区分：继电器线圈未通电时处于断开状态的静触点，称为"常开触点"；处于接通状态的静触点称为"常闭触点"。

图 1—21 继电器（HRS1H-S-DC5V）实物图

✎ 写一写

请根据国标 GB/T 4728—2005 画出图中继电器（HRS1H-S-DC5V）所对应的电路符号。

继电器线圈在电路中用一个长方框符号表示，如果继电器有两个线圈，就画两个并列的长方框。同时在长方框内或长方框旁标上继电器的文字符号"JK"。继电器的触点有两种表示方法：一种是把它们直接画在长方框一侧，这种表示法较为直观。另一种是按照电路连接的需要，把各个触点分别画到各自的控制电路中，通常在同一继电器的触点与线圈旁分别标注相同的文字符号，并将触点组编上号码，以示区别。

继电器的触点有三种基本形式：动合型（H型）线圈不通电时两触点是断开的，通电后，两个触点就闭合。以"合"字的拼音字头"H"表示。动断型（D型）线圈不通电时两触点是闭合的，通电后两个触点就断开。用"断"字的拼音字头"D"表示。转换型（Z型）是触点组型。这种触点组共有三个触点，即中间是动触点，上下各一个静触点。线圈不通电时，动触点和其中一个静触点断开和另一个闭合，线圈通电后，动触点就移动，使原来断开的成闭合，原来闭合的成断开状态，达到转换的目的。这样的触点组称为转换触点。用"转"字的拼音字头"Z"表示。

1. 继电器的测试

测触点电阻：用万能表的电阻挡，测量常闭触点与动点电阻，其阻值应为 0；而常开触点与动点的阻值就为无穷大。由此可以区别出那个是常闭触点，那个是常开触点。

测线圈电阻：可用万能表 $R \times 10\Omega$ 挡测量继电器线圈的阻值，从而判断该线圈是否存在着开路现象。

✎ 写一写

请使用万用表对图中继电器（HRS1H-S-DC5V）进行测试，并画出继电器内部结构图。

2. 继电器的型号命名

继电器的型号命名一般由下列四部分组成：

第一部分：主称，用多个字母表示，以便区别继电器的类别。

第二部分：外形代号，用字母表示。

第三部分：用数字表示产品序号。

第四部分：用字母表示防护特征。

国产继电器的型号命名及含义，见表1—6。

表 1—6　　　　　　　　国产继电器的型号命名及含义

第一部分：主称类型		第二部分：形状特征		第三部分：序号	第四部分：防护特征	
字母	含义	字母	含义	用数字表示产品序号	字母	含义
JR	小功率继电器	W	微型		F	封闭式
JZ	中功率继电器					
JQ	大功率继电器					
JC	磁电式继电器	X	小型		M	密封式
JU	热继电器					
JT	特种继电器					
JM	脉冲继电器	C	超小型			
JS	时间继电器					
JAG	干簧式继电器					

✎ **写一写**

> 请写出 JRX-13F 继电器表示的含义。
>
>
>
>
>
>

（五）音乐报警电路的工作原理

音乐报警电路如图 1—22 所示。把开关 K_3 拨到位置 3，使 2、3 相连，接通电源。继电器 JK 常开触点闭合，复合管 VT_1、VT_2 导通，音乐集成芯片 IC_5（FD9300）的 3 脚输出对应的音乐信号，音乐信号经过音频功率放大器 IC_6（LM386N）3 脚放大后由管脚 5 输出，推动扬声器 BL 发出声音。

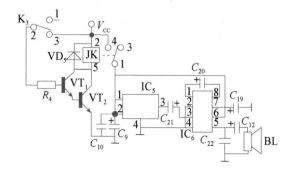

图 1—22　音乐报警电路原理图

五、单片机最小系统控制电路及警示电路

单片机最小系统控制电路，主要由 IC_4（AT89C2051）和外围振荡电路、复位电路、电源电路构成。而警示电路主要由电阻、发光二极管等元器件构成。

（一）AT89C2051 单片机

AT89C2051 单片机是带有 2K 字节闪速可编程可擦除只读存储器（EEPROM）的低电压、高性能 8 位 CMOS 微处理器，如图 1—23 所示。

0516
AT89C2051-24PI

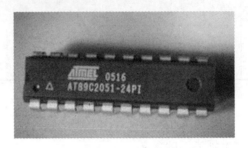

图 1—23　AT89C2051 单片机实物图

AT89C2051 单片机提供以下标准功能：2K 字节闪速存储器，128 字节 RAM，15 根 I/O 口，两个 16 位定时器，一个五向量两级中断结构，一个全双工串行口，一个精密模拟比较器以及两种可选的软件节电工作方式。空闲方式时停止 CPU 工作但允许 RAM、定时器/计数器、串行工作口和中断系统继续工作。掉电方式时保存 RAM 内容但振荡器停止工作并禁止其他部件的工作直到下一次硬件复位的到来。

1. AT89C2051 单片机引脚图

AT89C2051 单片机是一款功能强大的单片机，引脚图如图 1—24 所示。它有 20 个引脚，15 个双向输入/输出（I/O）端口，其中 P1 是一个完整的 8 位双向 I/O 口，两个外中断口，两个 16 位可编程定时计数器，两个全双向串行通信口，一个模拟比较放大器。

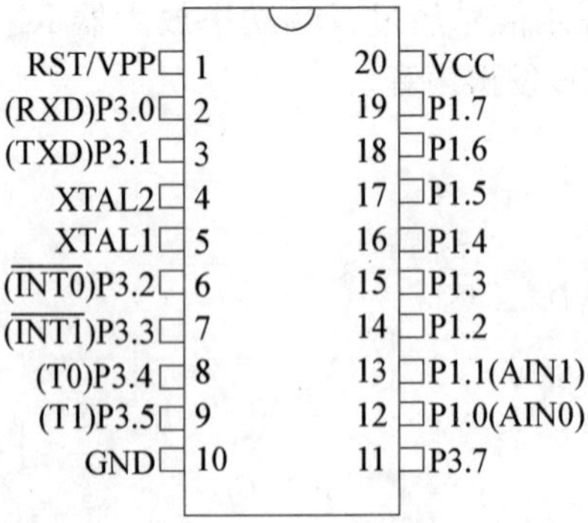

RST/VPP 1
(RXD)P3.0 2
(TXD)P3.1 3
XTAL2 4
XTAL1 5
(INT0)P3.2 6
(INT1)P3.3 7
(T0)P3.4 8
(T1)P3.5 9
GND 10
20 VCC
19 P1.7
18 P1.6
17 P1.5
16 P1.4
15 P1.3
14 P1.2
13 P1.1(AIN1)
12 P1.0(AIN0)
11 P3.7

图 1—24　AT89C2051 单片机引脚图

（1）VCC：电源端。

（2）GND：接地端。

（3）P1 口：P1 口是一个 8 位双向 I/O 口。P1 口引脚 P1.2～P1.7 具有内部上拉电阻，P1.0 和 P1.1 需要外接上拉电阻。P1.0 和 P1.1 还分别作为片内精密模拟比较器的同相输入端（ANI0）和反相输入端（AIN1）。P1 口输出缓冲器可吸收 20mA 电流并能直接驱动 LED 显示。当向 P1 口引脚写入"1"时，其可用作输入端。当引脚 P1.2～P1.7 用作输入并被外部拉低时，它将因内部被写入"1"可用作输入端。当引脚 P1.2～P1.7 用作输入并被外部拉低时，它们将因内部的上拉电阻而流出电流。

（4）P3 口：P3 口的 P3.0～P3.5、P3.7 是带有内部上拉电阻的七个双向 I/O 口引脚。P3.6 用于固定输入片内比较器的输出信号，并且它作为一个通用 I/O 引脚而不可访问。P3 缓冲器可吸收 20mA 电流。当 P3 口写入"1"时，它们被内部上拉电阻拉高并可用作输入端。用作输入时，被外部拉低的 P3 口脚将用上拉电阻而流出电流。

P3 口还用于实现 AT89C2051 的第二功能，如表 1—7 所示。

表 1—7　　　　　　　　　　AT89C2051 单片机 P3 口第二功能

引脚口	引脚功能
P3.0	RXD 串行输入端口
P3.1	TXD 串行输出端口
P3.2	INT0 外中断 0
P3.3	INT1 外中断 1
P3.4	T0 定时器 0 外部输入端口
P3.5	T1 定时器 1 外部输入端口

P3 口还接收一些用于闪速存储器编程和程序校验的控制信号。

（5）RST：复位输入。RST 一旦变成高电平所有的 I/O 引脚就复位到"1"。当振荡器正在运行时，持续给出 RST 引脚两个机器周期的高电平便可完成复位。每一个机器周期需 12 个时钟周期。

（6）XTAL1：作为振荡器反相器的输入和内部时钟发生器的输入。

（7）XTAL2：作为振荡器反相放大器的输出。

根据图 1—23 所示的 AT89C2051 引脚图，请将表 1—8 填写完整。

✐ 写一写

表 1—8　　　　　　　　　　AT89C2051 单片机引脚名称及功能

序号	引脚序号	引脚名称	引脚作用
1	1	RST/VPP	当输入的复位信号延续两个机器周期以上的高电平时即为有效，用以完成单片机的复位初始化操作
2	2、3、6、7、8、9、11		P3 口是一个带有内部上拉电阻的 8 位准双向 I/O 口，它具有第二功能

续前表

序号	引脚序号	引脚名称	引脚作用
3	4、5		当使用芯片内部时钟时，此引线端用于外接石英晶体和微调电容；当使用外部时钟时，用于接外部时钟脉冲信号
4	10		接地端
5	12～19		P1 口是一个带有内部上拉电阻的 8 位准双向 I/O 口
6	20		电源端

2. 单片机时钟电路

在 MCS-51 芯片内部有一个高增益反相放大器，其输入端为芯片引脚 XTAL1，其输出端为引脚 XTAL2。而在芯片的外部，XTAL1 和 XTAL2 之间跨接晶体振荡器和微调电容，可构成一个稳定的自激振荡器，这就是单片机的时钟电路。

时钟电路产生的振荡脉冲经过触发器进行二分频之后，才成为单片机的时钟脉冲信号。一般电容 C_1 和 C_2 取 30pF 左右，晶体的振荡频率范围是 2～12MHz。晶体振荡频率高，则系统的时钟频率也高，单片机运行速度也就快。MCS-51 在通常应用情况下，使用的振荡频率为 6MHz 或 12MHz。

（二）单片机最小系统控制电路与警示电路的工作原理

单片机最小系统控制电路由复位电路、振荡电路、单片机电源电路等部分构成。当开关 K_1 闭合时，单片机最小系统控制电路接收来自矩形波振荡电路发出的信号。当开关 K_2 闭合时，单片机最小系统控制电路接收来自 555 振荡电路的信号。这些触发信号经单片机内部程序处理与判断后，由发光二极管警示电路依照控制程序，按要求点亮不同的发光二极管。单片机最小系统控制电路与警示电路如图 1—25 所示。

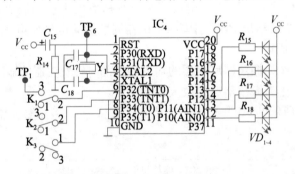

图 1—25　单片机最小系统控制电路与警示电路原理图

项目计划

根据上述知识与技术信息，在下表中列出安装与调试音乐彩灯控制器的工作计划。

序号	工作步骤	工具/辅具	注意事项

项目实施

一、职业与安全意识

在完成工作任务的过程中，操作符合安全操作规程。使用仪器仪表、工具操作时安全、规范。注意工具摆放，包装物品、导线线头等的处理，符合职业岗位的要求。遵守实习实训纪律，尊重实习指导教师，爱惜实习实训设备和器材，保持工位的整洁。应尽量避免因操作不当或违反操作规程，造成设备损坏或影响其他同学的正常工作。杜绝浪费材料、污染实习实训环境、遗忘工具在工作现场等不符合职业规范的行为。

二、元器件选择

要求：根据给出的音乐彩灯控制器电路原理图（见图1—3）和元器件表（见表1—9），在印制电路板焊接和产品安装过程中，正确无误地从提供的元器件中选取所需的元器件及功能部件。安装材料清单列表见表1—9。

表1—9　　　　　　　　　　音乐彩灯控制器电路元器件列表

序号	标称	名称	型号/规格	参考价格（元）	图形符号	外观	检验结果
1	BL	扬声器	8Ω	1.20			
2	C_1	电容器	104	0.05			
3	C_2	电容器	104	0.05			
4	C_3	电容器	104	0.05			
5	C_4	电容器	104	0.05			
6	C_5	电容器	104	0.05			
7	C_6	电容器	104	0.05			
8	C_7	电容器	104	0.05			
9	C_8	电容器	104	0.05			
10	C_9	电容器	104	0.05			
11	C_{10}	电容器	104	0.05			
12	C_{11}	电解电容	$470\mu/16V$	3.00			
13	C_{12}	电解电容	$470\mu/16V$	3.00			
14	C_{13}	电解电容	$100\mu/16V$	2.00			
15	C_{14}	电解电容	$100\mu/16V$	2.00			
16	C_{15}	电解电容	$10\mu/16V$	0.08			

续前表

序号	标称	名称	型号/规格	参考价格（元）	图形符号	外观	检验结果
17	C_{16}	电容器	105	0.05			
18	C_{17}	电容器	30	0.05			
19	C_{18}	电容器	30	0.05			
20	C_{19}	电解电容	$10\mu/16V$	0.08			
21	C_{20}	电解电容	$10\mu/16V$	0.08			
22	C_{21}	电解电容	$100\mu/16V$	2.00			
23	C_{22}	电容器	473	0.05			
24	DCH_1	扣线插座	CON4	1.00			
25	IC_1	集成	LM358	1.00			
26	IC_2	集成	CD40106	1.20			
27	IC_3	集成	NE555	1.20			
28	IC_4	CPU	AT89C2051	5.50			

续前表

序号	标称	名称	型号/规格	参考价格（元）	图形符号	外观	检验结果
29	IC_5	音乐集成	FD9300	2.00			
30	IC_6	音放集成	LM386N	1.50			
31	JK	继电器	HRS1H-S-DC5V	1.60			
32	K_1	拨动开关	1×2	0.80			
33	K_2	拨动开关	1×2	0.80			
34	K_3	拨动开关	1×2	0.80			
35	R_1	电阻器	100k	0.03			
36	R_2	电阻器	100k	0.03			
37	R_3	电阻器	10k	0.03			
38	R_4	电阻器	10k	0.03			
39	R_5	电阻器	10k	0.03			
40	R_6	电阻器	10k	0.03			
41	R_7	电阻器	10k	0.03			
42	R_8	电阻器	10k	0.03			
43	R_9	电阻器	5.1k	0.03			
44	R_{11}	电阻器	51k	0.03			
45	R_{12}	电阻器	5.1	0.03			
46	R_{13}	电阻器	1k	0.03			
47	R_{14}	电阻器	10k	0.03			
48	R_{15}	电阻器	300	0.03			
49	R_{16}	电阻器	300	0.03			
50	R_{17}	电阻器	300	0.03			
51	R_{18}	电阻器	300	0.03			
52	R_{p1}	电位器	5k	1.50			
53	R_{10}	电位器	10k	1.50			

续前表

序号	标称	名称	型号/规格	参考价格（元）	图形符号	外观	检验结果
54	VD₁	发光二极管	红	0.08			
55	VD₂	发光二极管	黄	0.08			
56	VD₃	发光二极管	绿	0.08			
57	VD₄	发光二极管	红	0.08			
58	VD5	二极管	4148	0.05			
59	VT1	三极管	9013	0.08			
60	VT2	三极管	9013	0.08			
61	VS1	双向稳压管	8.2V	0.80			
62	Y1	晶体振荡器	12MHz	0.60			

元器件选择可按以下四种情况进行评价，见表1—10。

表 1—10　　　　　　　　　　元器件选择评价标准

评价等级	评价标准
A 级	根据元器件列表，元器件选择全部正确，电子产品功能全部实现，音乐彩灯控制器工作正常
B 级	根据元器件列表，电路主要元器件选择正确，在印制电路板上完成焊接，但电路只实现部分功能
C 级	根据元器件列表，电路主要元器件选择错误，在印制电路板上完成焊接，但电路未能实现任何一种功能
D 级	无法根据元器件列表按照要求选择所需元器件，在规定时间内电路板上未能全部焊接上元器件

三、产品焊接

根据给出的音乐彩灯控制器电路原理图（见图1—3），将选择的元器件准确地焊接在产品的印制电路板上。

要求：在印制电路板上所焊接的元器件的焊点大小适中、光滑、圆润、干净，无毛刺；无漏、假、虚、连焊，引脚加工尺寸及成形符合工艺要求；导线长度、剥线头长度符合工艺要求，芯线完好，捻线头镀锡。

焊接工艺按下面标准分级评价，见表1—11。

表1—11　　　　　　　　　　　　焊接工艺评价标准

评价等级	评价标准
A级	所焊接的元器件的焊点适中，无漏、假、虚、连焊，焊点光滑、圆润、干净，无毛刺，焊点基本一致，引脚加工尺寸及成形符合工艺要求；导线长度、剥线头长度符合工艺要求，芯线完好，捻线头镀锡
B级	所焊接的元器件的焊点适中，无漏、假、虚、连焊，但个别（1～2个）元器件有下面现象：有毛刺，不光亮，或导线长度、剥线头长度不符合工艺要求，捻线头无镀锡
C级	3～6个元器件有漏、假、虚、连焊，或有毛刺，不光亮，或导线长度、剥线头长度不符合工艺要求，捻线头无镀锡
D级	有严重（超过7个元器件以上）漏、假、虚、连焊，或有毛刺，不光亮，导线长度、剥线头长度不符合工艺要求，捻线头无镀锡
E级	超过1/5的元器件（15个以上）没有焊接在电路板上

四、产品装配

根据给出的音乐彩灯控制器电路原理图（见图1—3），把选取的电子元器件及功能部件正确地装配在产品的印制电路板上。

要求：元器件焊接安装无错漏，元器件、导线安装及元器件上字符标识方向均应符合工艺要求；电路板上插件位置正确，接插件、紧固件安装可靠牢固；线路板和元器件无烫伤和划伤处，整机清洁无污物。

电子产品电路装配可按下面标准分级评价，见表1—12。

表1—12　　　　　　　　　　　　电子产品电路装配评价标准

评价等级	评价标准
A级	焊接安装无错漏，电路板插件位置正确，元器件极性正确，接插件、紧固件安装可靠牢固，电路板安装对位；整机清洁无污物
B级	元器件均已焊接在电路板上，但出现错误的焊接安装（1～2个元器件）；或缺少1～2个元器件或插件；或1～2个插件位置不正确或元器件极性不正确；或元器件、导线安装及字标方向未符合工艺要求；或1～2处出现烫伤或划伤，有污物
C级	缺少3～5个元器件或插件；3～5个插件位置不正确或元器件极性不正确；或元器件、导线安装及字标方向不符合工艺要求；3～5处出现烫伤和划伤，有污物
D级	缺少6个以上元器件或插件；6个以上插件位置不正确或元器件极性不正确，元器件导线安装及字标方向未符合工艺要求；6处以上出现烫伤和划伤，有污物

五、产品调试与检测

要求：根据电路图和已按图焊接好的线路板，对电路进行调试与检测。

（一）调试并实现电路的基本功能

1. 电源电路工作正常

正确连接电源，用万用表测试 IC_3 的 8 脚为 5V，测得 IC_1 的 4 脚为 $-12V$，并测得 IC_1 的 8 脚为 12V，则表示电源电路工作正常。

2. 矩形波振荡器及整形电路工作正常

把 K_1 拨到位置 1，使 2、1 相连，接通电源，TP_3 有矩形波产生，调整 R_{10}，矩形波频率变化，TP_1 也有矩形波出现，矩形波振荡器及整形电路工作正常。

3. 555 振荡电路工作正常

把 K_2 拨到位置 1，使 2、1 相连，接通电源，TP_5 有脉冲波出现，调整 RP_1，脉冲波频率变化，555 振荡电路工作正常。

4. 音乐报警电路工作正常

把 K_3 拨到位置 3，使 2、3 相连，接通电源，可听到音乐声音，音乐报警电路工作正常。

（二）调试与检测电路

正确完成电路的安装与调试，调试后进行检测，并把检测的结果填在题目的空格中。

（1）置拨动开关 K_1 于 2 与 3 相连，调节 R_{10}，使 TP_1 的输出方波频率大于 100Hz 时，电路出现的现象为_____。

（2）置拨动开关 K_2 于 2 与 3 相连，调节 R_{P1}，使 TP_5 的输出脉冲波频率大于 1 000Hz 时，电路出现的现象为_____。

（3）如果 VD_1 和 VD_2 同时亮，电路出现的现象为_____
_____。

（4）调整 R_{10}，测试点 TP_4 的波形变化为_____
_____。

（三）电路波形测量

1. 正确选择仪器设备

仪器设备的选择主要是根据被测信号的特点和测量要求来确定，音乐彩灯控制器电路的被测信号以周期信号为主，所以在仪器设备的选择上应选用示波器进行测量。

2. 记录所测波形

在正确完成电路的安装与调试后，使用给出的仪器，对相关电路进行测量，并把测量结果填入表 1—13 和表 1—14 中。

电路在正常工作时，测量测试点 TP_6，填入表 1—13 中。

表 1—13　　　　　　　　　　　　　　测量测试点 TP₆

波形	周期	幅度
	$T=\underline{\qquad}$ ms	$V_{P-P}=\underline{\qquad}$ V

电路在正常工作时，测量测试点 TP₃，填入表 1—14 中。

表 1—14　　　　　　　　　　　　　　测量测试点 TP₃

波形	周期	幅度
	$T=\underline{\qquad}$ ms	$V_{P-P}=\underline{\qquad}$ V

六、绘制电路原理图

使用 Protel DXP 2004 软件，绘制电路原理图和 PCB 板图。

要求：如图 1—26 所示为一个实际的路灯自动控制电路，图中路灯 EL 由继电器 KA 常开触点控制。由光敏电阻所接受光的强度来改变阻值控制 KA 的状态。用物品盖住光敏电阻使其不能接受到光，此时继电器会吸合，路灯发光。拿开物品使光敏电阻接受到光，此时继电器断开，路灯熄灭。在图 1—26 的基础上，使用 Protel DXP 2004 软件，绘制正确的电路原理图。

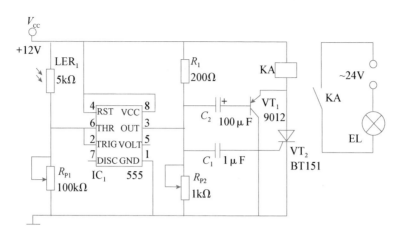

图 1—26 路灯自动控制电路

 **项目展示**

一、演示

参加人员：学生组（2 人 1 组）的代表

演示时间：每组 5 分钟

演示内容：

（1）展示本组音乐彩灯控制器电路实物效果。

（2）简要介绍项目的计划方案和实施方法。

（3）采用小组提问方式，对本电路中矩形波振荡电路、555 振荡电路和音乐报警电路的控制方法进行考核。

二、要求

（1）简要介绍本电路中各部分的作用。

（2）介绍实施过程中的元器件的测量检测和注意事项。

项目检验

教师根据学生在实施环节中的表现，以及完成工作计划表的情况对每位学生进行点评。参考教师评价表如下。

学号		姓名		班级	
元器件选择评价等级		产品焊接工艺评价等级			
产品装配评价等级		产品调试检测评价等级			
安全文明生产情况					
操作流程的遵守情况					
仪器与工具的使用情况					
计划表格的完成情况					
总评语					

项目扩展

使用 Protel DXP 2004 软件绘制电路原理图

随着科技的不断进步，以及集成电路向超大规模和高密度的方向发展，EDA 软件已经成为人们进行电子电路设计不可或缺的工具。在计算机辅助电路设计中，各种辅助软件的应用起到了极其重要的作用，它们的应用极大地提高了电子线路的设计效率和设计质量，有效减轻了设计人员的劳动强度，降低了工作的复杂度，为电子工程师提供了便捷。

随着计算机技术的不断进步，为适应时代的发展，许多软件公司竞相开发了大量的 EDA 软件。在众多 EDA 软件中 Altium 公司出品的 Protel 系列软件名列前茅。在不同版本的 Protel 软件中，Protel DXP 2004 是其中比较优秀的版本。

【任务描述】

绘制电路原理图是印制电路板设计的第一个环节，绘制原理图时规定了电路中将要使用的元器件、封装形式和各引脚间的连接关系，也是印制电路板设计的基础。本部分内容主要让大家熟悉原理图的设计界面，掌握原理图图纸参数的设置要点，元器件放置、增删的方法，以及原理图元件属性的编辑方式。

一、启动软件建立项目

（一）打开软件

双击桌面快捷图标，便可打开 Protel 软件，打开软件后的界面如图 1—27 所示。打开软件后我们即可应用软件进行原理图编辑了。

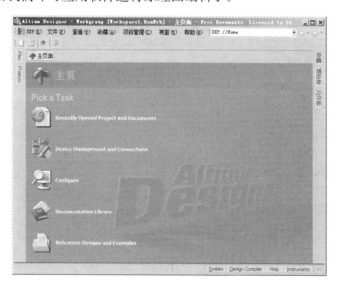

图 1—27　Protel DXP 2004 软件界面

（二）新建项目

在 Protel DXP 中可以先建立项目，然后建立该项目包含的其他文件。选择菜单命令【文件】/【创建】/【项目】/【PCB 项目】，Protel DXP 软件会自动创建一个默认名称为"PCB_Project1. PrjPCB"的空白项目文件，从工作区面板的【Projects】选项卡，如图1—28所示，可以观察到新创建的项目文件和该项目下的空白文件夹"No Documents Added"出现在项目管理面板中，可以看出该项目中还没有添加任何文件。

图1—28　【Projects】选项卡

（三）保存项目

执行菜单命令【文件】/【保存项目】，弹出【Save［PCB_Project1. PrjPCB］AS】对话框，提示对项目"PCB_Project1. PrjPCB"进行保存，如图1—29所示，设置保存路径，在【文件名】文本框中输入项目保存的文件名，单击 保存(S) 按钮，就可以对新建的空白项目按照设置的项目名称进行保存了。

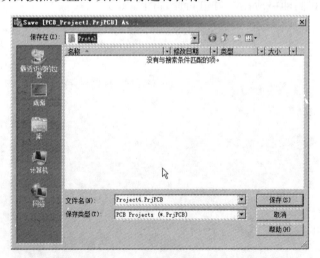

图1—29　【保存项目】对话框

（四）追加文件

在新建的空白项目中，并没有原理图文件等任何项目文件，因此要绘制原理图，需要将原理图文件追加到该项目中，当然也可以追加已经绘制好的原理图文件或其他类型文件。

具体操作为：打开工作区面板的【Project】选项卡，从选项卡中，可以看到打开的项目的名称，移动光标到项目的名称上（本例为"Project4.PrjPCB"），单击鼠标右键，弹出快捷菜单，选择菜单命令【追加新文件到项目中】，弹出该菜单的子菜单，如图 1—30 所示，即可执行不同的子菜单追加不同的文件到该项目中。本例，在项目中追加一个新的原理图文件，则选择【Schematic】即可。

图 1—30　追加文件到新项目

追加完新的原理图文件后，项目下的"No Documents Added"文件夹自动更名为"Source Documents"，此时，点击【保存】按钮，为原理图重新命名（本例命名为"项目 4"）。如图 1—31 所示。

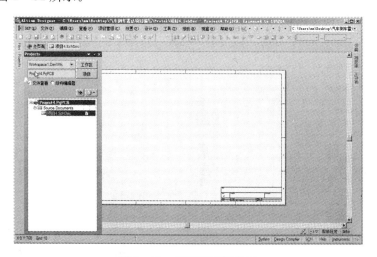

图 1—31　原理图编辑窗口

二、图纸大小及版面设置

在进行原理图设计时，正确地设置图纸和环境参数会给原理图的设计带来极大的方便。例如，正确地设置图纸的网格大小、颜色及可视性等都会为放置元器件、连接线路等工作带来极大的方便。

在创建了原理图文件之后，在原理图编辑状态，如图1—31所示，执行菜单命令【设计】/【文档选项】，系统自动弹出【文档选项】对话框，如图1—32所示。

图1—32　【文档选项】对话框

按图1—33中给出的参数进行设置。另外，用户可自行更改参数，观察不同效果。

三、绘制原理图

(一) 加载元器件库

执行菜单命令【设计】/【浏览元件库】，如图1—33（a）所示；或者在元器件库选项已经在工作区面板内的情况下，单击窗口右边工作区面板的【元件库】选项卡，如图1—33（b）所示，均可以打开如图1—33（c）所示的【元件库】控制面板，通过此控制面板来加载元器件库。

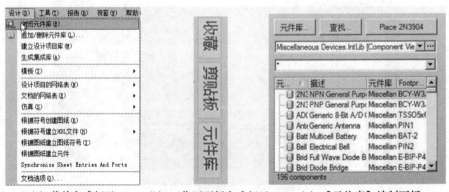

(a) 菜单方式打开　　(b) 工作区面板方式打开　　(c)【元件库】控制面板

图1—33　【元件库】控制面板的打开

（二）安装元件库

单击元件库控制面板的 元件库 按钮，弹出如图1—34所示的【可用元件库】对话框，该对话框为空白，表示没有加载任何元器件库。我们需要单击【安装】选项卡下面的 安装⑴... 按钮，弹出如图1—35所示的【打开】对话框。

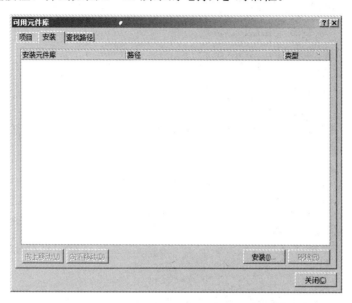

图1—34　【可用元件库】对话框

图1—35　【打开】对话框

寻找路径"C:\Program Files\Altium2004\Library\"，进入要添加库的子目录，如图1—36所示。假如要添加的元件库是"Fhilips"的目录内的"Fhilips Microcontroller 8-Bit. IntLib"元件库，则选中该元件库后单击 打开(0) 按钮，回到【可用元件库】对话框，可以看到新添加的库文件已经出现在安装元件库列表中，如图 1—37 所示。其中"Miscellaneous Connectors. IntLib"和"Miscellaneous Devices. IntLib"为最常用的两个元件库。

图 1—36 选择元件库

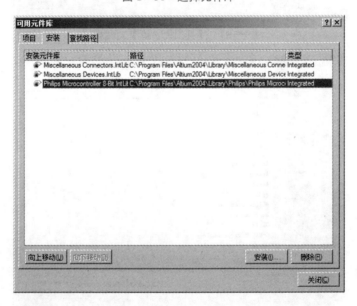

图 1—37 【可用元件库】对话框

（三）绘制原理图

成功加载元件库后，就可以在原理图编辑器中放置元器件，并开始自己的电路原理图的设计了。在绘制原理图之前最好整理好原理图中所用到元器件分别属于不同的库，可以更方便快捷地找到所用元器件。下面就以图 1—38 为例进行介绍，对应元器件列表如表 1—15 所示。

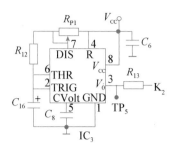

图 1—38　555 定时器电路

表 1—15　　　　　　　　　555 定时器电路元器件列表

元器件名称	元器件描述	元器件标识	参数	所在库
电阻	Res2	R12	5.1	Miscellaneous Devices. IntLib
电阻	Res2	R13	1k	Miscellaneous Devices. IntLib
电阻		Rp1	5k	Miscellaneous Devices. IntLib
电容	Cap	C6	104	Miscellaneous Devices. IntLib
电容	Cap	C8	104	Miscellaneous Devices. IntLib
电容	CapPol2	C16	105	Miscellaneous Devices. IntLib
LM555H	Timer	IC3		NSC Analog Timer Circuit. IntLib

其中，因为"Miscellaneous Devices. IntLib"元件库中无"R_{P1}"元件，所以需要我们亲自动手制作，制作过程将在以后介绍。

(四) 放置元器件及电源端口

下面开始放置电路图中的各个元器件。取用元器件的方法有多种，这里首先简单介绍通过元件库控制面板加载元器件的方法。在元件库控制面板的过滤区中输入"R"，此时元器件会自动更新，结果如图 1—39 所示。

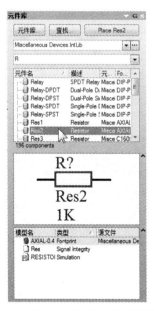

图 1—39　过滤后的元器件表

选中元器件"Res1"，然后单击 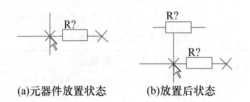 按钮，系统回到原理图编辑状态，此时一个浮动的电阻随着光标一起移动，如图1—40（a）所示。移动光标到原理图中适当位置，单击鼠标左键放置元器件。此时，会看到三极管已经放置到原理图上了，而光标上仍然黏附着同样的电阻，如图1—40（b）所示。再次单击鼠标左键，又会在原理图上放置一个新的电阻。用这一功能可以连续放置多个同类型的器件。

(a)元器件放置状态　　(b)放置后状态

图1—40　电阻放置过程

用鼠标左键双击电阻，弹出如图1—41所示的【元件属性】对话框。通过该对话框，我们可以修改元器件的编号、阻值等各种属性。将【标识符】的"R?"修改为"R12"，编号修改前后的电阻在原理图上的比较，如图1—42所示。

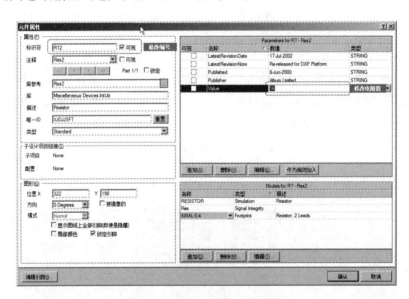

图1—41　【元件属性】对话框

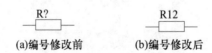

(a)编号修改前　　(b)编号修改后

图1—42　编号修改前后对比

按照同样的方法添加电容、555定时器等元器件，并修改它们的参数编号。最后单击工具栏中的以及来放置电源，最终效果如图1—43所示。

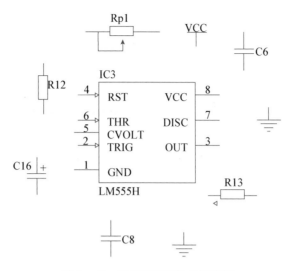

图 1—43　放置好元器件的原理图

（五）调整元器件的位置

在元器件放置完成以后，可以拖动元器件调整各元器件的位置。合理调整布局后的原理图如图 1—44 所示。

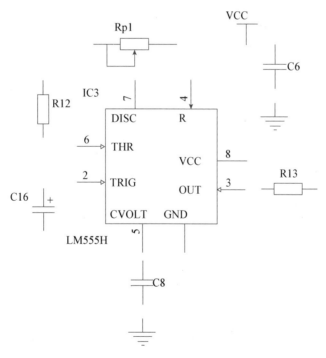

图 1—44　调整布局后的元器件分布图

大家可以看到图 1—44 中与图 1—43 中的 LM555H 芯片有所不同。实际上为了与原电路图一样，我们对 LM555H 的管脚进行了调整。我们是怎么做到的呢？我们只需用鼠标左键双击 LM555H 芯片，就会出现类似于图 1—41 所示的【元件属性】对话框，取消勾选【锁定引脚】选项，如图 1—45 所示。现在，我们就可以在原理图编辑窗口对引脚进行编辑了，效果如图 1—44 所示。

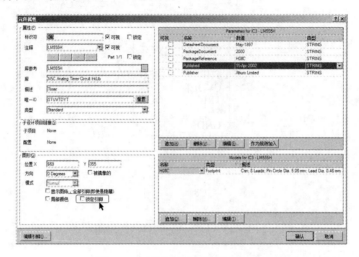

图 1—45　取消勾选【锁定引脚】

（六）连接电路

调整好元器件位置之后，接下来的工作就是连接电路，也就是用导线将原理图中的元器件的引脚按照电气规则连接起来。如果觉得原理图编辑窗口的大小不合适，我们可以通过"Ctrl＋鼠标滚轴"的方式对其进行调整，调整好识图后，就可以进行电路连接了。执行菜单命令【放置】/【导线】，或者在工具栏中单击导线 ▨▨ 按钮，将光标移动到导线的起点位置，也就是要连接元器件的引脚处，当光标移动到元器件的一个电气节点上时，此时会出现一个大的红色星形连接标志，如图 1—46 所示。

此时单击鼠标左键确定导线的第一个连接端点，移动光标会看见一个导线从所确定的端点延伸出来，移动光标绘制导线，当遇到折点时，可以单击鼠标左键确定折点的位置；当导线绘制到另一个元器件的电气节点时，单击鼠标左键，确定导线的第二个端点。如图 1—47 所示。

图 1—46　电气节点连接标志

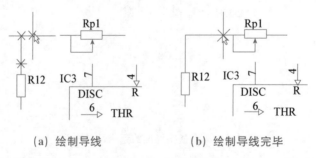

（a）绘制导线　　　　　　　（b）绘制导线完毕

图 1—47　绘制导线

按照上述方法，根据器件之间的电气特性完成各个元器件之间的导线连接，如图 1—48 所示。

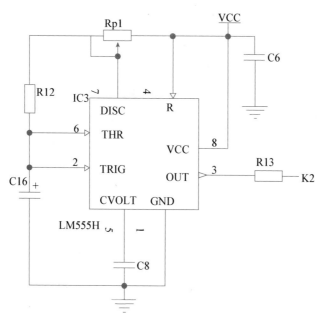

图 1—48 完成电路连接

项目 2

恒温控制器

恒温控制器（见图2—1）广泛应用于我们日常生活的方方面面，如在变频空调器、恒温孵化器、工业炼钢炉等设备中都得到了广泛的应用，它的应用为我们的生活带来了许多便利，并且提高了我们的生活水平。而声光控制电路更加贴近我们的生活，如路灯、楼道灯、迎宾灯都用到了声光控制技术，为我们生活带来了极大的方便。

图 2—1 常见温度控制器

📞 项目描述

根据恒温控制器电路原理图，把选取的电子元器件及功能部件正确地安装在产品的印制电路板上。根据电路图和焊接好的电路板，对电路进行调试与检测，并根据要求绘制电路原理图和 PCB 电路板图。

一、恒温控制器实物图

恒温控制器实物，如图2—2所示。

图 2—2 恒温控制器实物图

二、项目要求

(一) 电源电路工作正常

正确连接电源,测得测试点 TP_{10} 电压为 5V,表示电源电路工作正常。

(二) 数码显示电路正常

接通 12V 和 −5V 电源时,把短路跳线 J 的短路线断开,数码管 SH_2、SH_3、SH_4 有数码显示,则表示数码显示电路正常。

(三) 恒温控制电路工作正常

把短路跳线 J 的短路线断开,连接 12V 和 −5V 电源后,将拨动开关 K 置 "1" (左) 位置,调节电位器 R_{P4}、R_{P5},用数字万用表测 TP_6 的直流电压为 450mV。把短路跳线 J 接上,调节 R_{P6},使数字显示为 50.0。并把拨动开关 K 置 "2" (右),能看到数码显示变化、发光二极管 VL_1 在一亮一灭之间变换,则表示恒温电路工作正常。

(四) 声光控制电路工作正常

连接 +12V 和交流 12V 后,调节 R_{P1},使 TP_0 的电压接近 8V;调节 R_{P3},使 TP_2 低电平,小灯泡 L 不亮。向电容话筒 MC 吹气,小灯泡 L 亮 (没外界干扰,小灯泡 L 长亮);用纸把小灯泡 L 与光电二极管 VL_2 隔开,小灯泡 L 熄灭。这时声光控制电路工作正常。

三、电路原理图

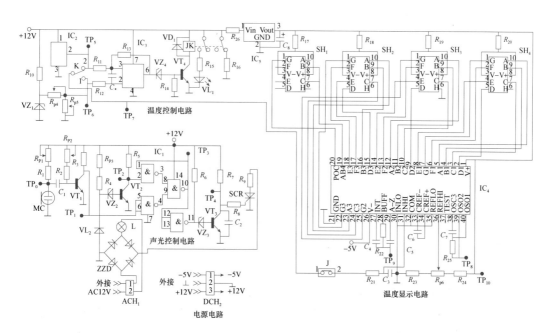

图 2—3　恒温控制器电路原理图

四、电路框图

（一）恒温控制电路

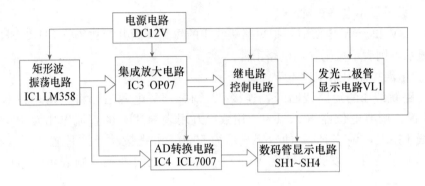

图 2—4 恒温控制电路框图

（二）声光控制电路

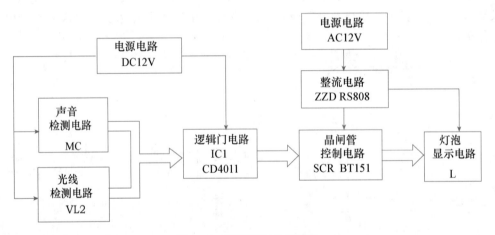

图 2—5 声光控制电路框图

项目分析

恒温控制器电路主要由以下四部分组成：电源电路、数码管显示电路、恒温控制电路和声光控制电路。

（1）电源电路：电源电路外接交流 12V、直流＋12V 和直流－5V。直流 12V 通过三端集成稳压器 7805 稳压后为数码管 $SH_1 \sim SH_4$ 和 IC_4 提供直流 5V 电压。

（2）数码显示电路：温度传感器 LM35 输出的温度信号作用于三位半 A/D 转换器 ICL7107 的模拟信号输入端，通过 A/D 转换器加以处理输出与温度信号对应的数字显示信号，并作用于数码管 $SH_1 \sim SH_4$ 实现实时温度显示。

（3）恒温控制电路：通过 LM35 集成温度传感器实现环境温度信号的采集，并通过 OP07 集成运算放大器实现温度信号的运算。输出的控制信号作用于继电器控制电路，控制电路对加热电阻进行加热。

（4）声光控制电路：声光控制电路主要由逻辑门电路、声音检测电路和光线检测电路等部分组成。

 项目信息

一、电源电路

（一）三端集成稳压器

电子产品中常见的三端集成稳压电路有正电压输出的 78×× 系列和负电压输出的 79×× 系列。常见的三端集成稳压器有三条引脚，分别是输入端（V_{in}）、接地端（GND）和输出端（V_{out}）。7805 管脚的识别方法是，管脚向下，文字面向自己，从左向右分别为输入、按地和输出。

 写一写

表 2—1　　　　　　　　　三端集成稳压器（7805）引脚说明

LM7805 引脚图	引脚序号	引脚功能
 Vi GND Vo　1 2 3	1 脚	
	2 脚	
	3 脚	

（二）电源电路的工作原理

该电源电路使用外接电源，分别接直流 +12V 和 −5V 两路，如图 2—6 所示。

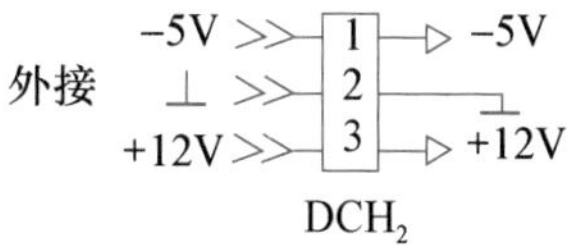

图 2—6　外接电源电路原理图

根据恒温控制器电路原理图如图 2—3 所示，填写表 2—2。

写一写

表 2—2　　　　　　　　　　　　集成电路外接电源电压

序号	标号	集成电路型号	引脚	电压数值
1	IC_1	CD4011	14	
2	IC_2	LM35	1	
3	IC_3	OP07	7	
4	IC_4	ICL7107	21	
5	IC_5	LM7805	12	

二、数码显示电路

（一）三位半 A/D 转换器（ICL7107）

ICL7107 是一块用途非常广泛的集成电路，如图 2—7 所示。它包含 3 位半 A/D 转换器芯片，可直接驱动 LED 数码管，内部设有参考电压、独立模拟开关、逻辑控制、显示驱动、自动调零功能等，它的最大显示值为 ±1999，最小分辨率为 $100\mu V$，转换精度为 0.05 ± 1 个字。ICL7107 的封装方式有 DIP-40、PQFP-44。

图 2—7　ICL7107 实物图

（二）三位半 A/D 转换器（ICL7107）工作原理

本项目中 ICL7107 应用于显示当前的温度，其主要管脚功能如表 2—3 所示。

表 2—3　　　　　　　　A/D 转换器（ICL7107）引脚说明

ICL7107 引脚图	引脚名称	引脚功能说明
V+ ① ⑩ OSC1 D1 ② ㊴ OSC2 C1 ③ ㊳ OSC3 B1 ④ ㊲ TEST A1 ⑤ ㊱ REF HI (1′s) F1 ⑥ ㉟ REF LO G1 ⑦ ㉞ CREF+ E1 ⑧ ㉝ CREF− D2 ⑨ ㉜ COMMON C2 ⑩ ㉛ INHI **ICL7106CPL** B2 ⑪ **ICL7107CPL** ㉚ INLO (10′s) A2 ⑫ **DIP-40** ㉙ A–Z F2 ⑬ ㉘ BUFF E2 ⑭ ㉗ NT D3 ⑮ ㉖ V− (100′s) B3 ⑯ ㉕ C2(10's) F3 ⑰ ㉔ C3 E3 ⑱ ㉓ A3 (100's) (1000)AB4 ⑲ ㉒ G3 (MINUS)POL ⑳ ㉑ BP/GND	V+ 和 V−	分别为电源的正极和负极
	A1~G1 A2~G2 A3~G3	LED 显示器与 ICL7107 芯片的连接方法：LED 显示器的个位接 ICL7107 芯片的 A1~G1，十位接 A2~G2，百位接 A3~G3，千位的 G 端接 POL，B、C 端短路后接 AB4。接好后 ICL7107 将通过 I/O 端口将比划信号传送给 LED 四位显示器，LED 四位显示器显示当前温度
	POL	千位笔画驱动信号。接千位 LED 显示器的相应笔画电极
	OSC1~OSC3	时钟振荡器的引出端，外接阻容或石英晶体组成的振荡器
	COM	模拟信号公共端，简称"模拟地"，使用时一般与输入信号的负端以及基准电压的负极相连

　　双积分型 A/D 转换器 ICL7107 是一种间接 A/D 转换器，如图 2—8 所示。它通过对输入模拟电压和参考电压分别进行两次积分，将输入电压平均值变换成与之成正比的时间间隔，然后利用脉冲时间间隔，进而得出相应的数字性输出。

　　它包括积分器、比较器、计数器、控制逻辑和时钟信号源。积分器是 A/D 转换器的心脏，在一个测量周期内，积分器先后对输入信号电压和基准电压进行两次积分，双积分型 A/D 转换器的电压波形图，如图 2—9 所示。比较器将积分器的输出信号与零电平进行比较，比较的结果作为数字电路的控制信号。时钟信号源的标准周期 T_c 作为测量时间间隔的标准时间。它是由内部的两个反向器以及外部的 RC 组成的，其振荡周期 $T_c = 2.2RC$。

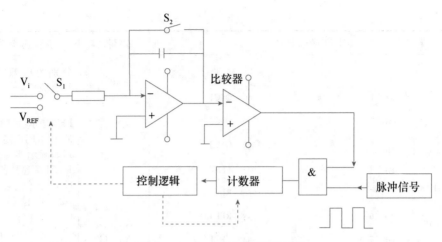

图 2—8　ICL7107 转换器原理图

计数器对反向积分过程的时钟脉冲进行计数。控制逻辑包括分频器、译码器、相位驱动器、控制器和锁存器。

分频器用来对时钟脉冲逐渐分频，得到所需的计数脉冲 f_c 和共阳极 LED 数码管公共电极所需的方波信号 f_c。译码器为 BCD-7 段译码器，将计数器的 BCD 码译成 LED 数码管七段笔画组成数字的相应编码。驱动器将译码器输出对应于共阳极数码管七段笔画的逻辑电平变成驱动相应笔画的方波。

控制器的作用有三个：第一，识别积分器的工作状态，适时发出控制信号，使各模拟开关接通或断开，A/D 转换器能循环进行。第二，识别输入电压极性，控制 LED 数码管的负号显示。第三，当输入电压超量限时发出溢出信号，使千位显示"1"，其余码全部熄灭。锁存器用来存放 A/D 转换的结果，锁存器的输出经译码器后驱动 LED。

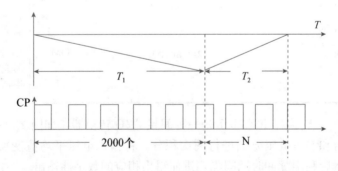

图 2—9　双积分型 A/D 转换器的电压波形图

（三）ICL7107 典型应用电路

数字电压表是当前电工电子、仪表仪器和测量领域大量使用的一种基本测量工具，有关数字电压表的制作方法已经非常普及了。这里展示一款由 ICL7107 转换电路组成的较为通用的数字电压表电路，如图 2—10 所示。ICL7107 与 ICL7106 相似，后者使用 LCD 液晶显示，前者则是驱动 LED 数码管进行显示，除此之外，两者的应用基本是相通的。

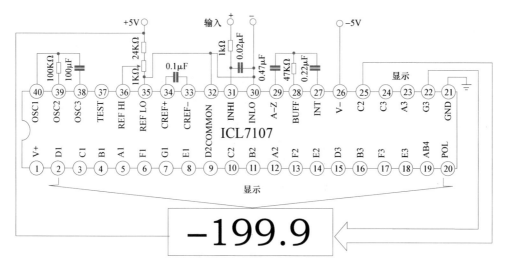

图 2—10　ICL7107 典型应用电路

（四）数码显示电路的工作原理

本电路电源部分使用三端集成稳压器 7805 对外接直流 12V 电压进行稳压，稳压后输出 5V 直流。三位半 A/D 转换器 ICL7107 的 31 脚接收来自温度传感器 LM35 的模拟温度信号，通过内部电路对信号进行加工和处理，输出温度数字信号。LED 显示器的个位接 ICL7107 芯片的 A1～G1，十位接 A2～G2，百位接 A3～G3，千位的 G 端接 POL，B、C 端短路后接 AB4。接好后 ICL7107 将通过 I/O 端口将笔画信号传送给 LED 四位显示器，LED 四位显示器显示当前温度，如图 2—11 所示。

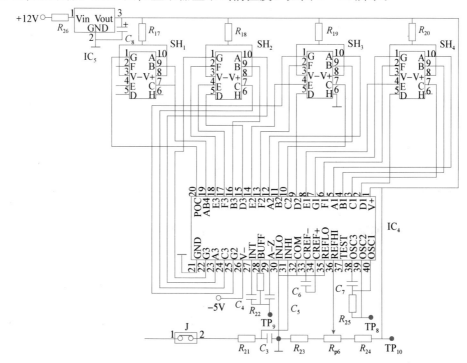

图 2—11　数码显示电路原理图

三、恒温控制电路

(一) 温度传感器 LM35

在本项目中使用的温度传感器是 LM35 集成温度传感器，它是把一种把温度传感器和放大器集成在一个硅片中形成的集成型温度传感器。LM35 的输出电压与摄氏温度成比例关系，如图 2—12 所示。0℃时输出电压为 0V，每升高 1℃输出电压增加 10mV，温度与输出电压一一对应，使用非常方便。LM35 的精确度可达正负 0.25℃。LM35 系列温度传感器不同的型号具有不同的测量范围，例如：LM35A 的测量范围为－55～＋150℃；LM35D 的测量范围为 0～100℃。

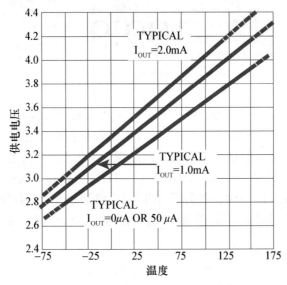

图 2—12　供电电压—温度关系曲线

1. LM35 的管脚

LM35 管脚的识别方法是，管脚向下，文字面向自己，从左向右分别为电源、输出和接地，见表 2—4。

✏ 写一写

表 2—4　　　　　　　　温度传感器 (LM35) 引脚功能说明

LM35 引脚图	引脚序号	引脚名称	引脚功能
	1 脚	$+V_s$	
	2 脚	V_{OUT}	
	3 脚	GND	

2. LM35 的连接方法

LM35 温度传感器在电路中通常有两种接法，如图 2—13、图 2—14 所示。

（1）基本摄氏温度传感器接法，如图 2—13 所示。

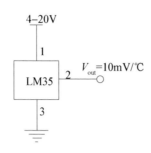

图 2—13　基本摄氏温度传感器接法

（2）满量程摄氏温度传感器接法，如图 2—14 所示。

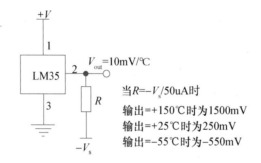

图 2—14　基本摄氏温度传感器接法

写一写

请结合上面所学内容，判断本电路中 LM35 属于上述哪种接法？

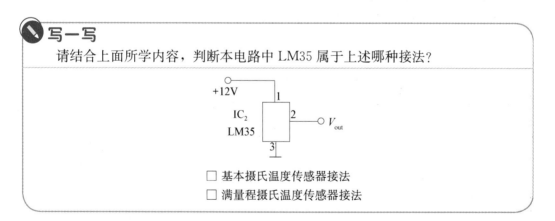

□ 基本摄氏温度传感器接法
□ 满量程摄氏温度传感器接法

3．LM35 输出电压

利用万用表测量 LM35 温度传感器，并获得温度数值，万用表接法如图 2—15 所示。万用表调节到直流电压挡，红色表笔接 LM35 温度传感器的 2 脚，黑色表笔接 LM35 温度传感器的 3 脚。万用表所读数值就是 LM35 温度传感器的输出电压，如图 2—15 所示。

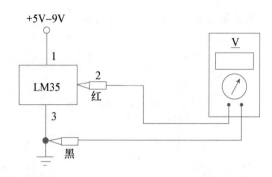

图 2—15 利用万用表测量 LM35 温度传感器

✏️ **写一写**

请根据下面例题思考利用万用表测量输出端电压，计算 LM35 实际温度的方法。

例：将数字表拨至直流电压 2V 挡，直接测量输出端电压，表上读数为 0.35V。此时的环境温度 T 为 $T = \dfrac{V_{OUT}}{10} = \dfrac{350mV}{10} = 35℃$

将数字表拨至直流电压 20V 挡，测得 LM35 温度传感器输出电压为 5.6V，请问 LM35 温度传感器测得的温度为多少度？

（二）集成运算放大器（OP07）

OP07 芯片是一款低噪声，非斩波稳零的双极性运算放大器集成电路，如图 2—16 所示。它具有非常低的输入失调电压，所以它在很多应用场合不需要额外的调零措施。它在额定电压范围内，建议电源电压大于 8V。OP07 各引脚的功能说明如表 2—5 所示。

图 2—16 OP07 实物图

表 2—5   OP07 芯片引脚功能说明

序号	引脚序号	引脚名称
	1 和 8	调零端
	2	反向输入端
	3	正向输入端
	4	接地
	5	空脚
	6	输出
	7	电源＋

（三）恒温控制电路的工作原理

连接电源，调节电位器 R_{P6}，使数码显示管显示＋50.0。把开关 K 拨到"1"位置，把短路跳线 J 的短路线断开，调节电位器 R_{P4} 和 R_{P5}，使 TP_6 的电压为 450mV，把恒温温度设置在 50℃。把短路跳线 J 接上，并把开关 K 拨到"2"位置，恒温电路开始工作。

由于环境温度比设定温度要低，此时电阻 R_{16} 发热，温度升高，IC_2 检测到的温度通过开关 K 送到温度显示电路显示，另一路信号送到 IC_3 的 3 脚，当温度为 45℃ 时，IC_3 的 3 脚电位比 2 脚高，从 6 脚输出信号，使 VT_4 导通，继电器 JK 吸合，发光二极管 VL_1 点亮，表示恒温开始，继电器 JK 也使电阻 R_{16} 停止供电，R_{16} 停止发热。但由于余热关系，温度可能还会升高，但过一段时间，温度便会慢慢降下来，待 IC_2 检测到温度低于 45℃ 时，IC_3 的 3 脚电位比 2 脚低，6 脚无输出信号，VT_4 截止，继电器 JK 释放，发光二极管 VL_1 熄灭，R_{16} 重新加热，如此循环达到恒温的作用。

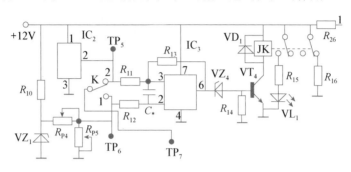

图 2—17 恒温控制电路原理图

四、声光控制电路

（一）驻极体话筒

驻极体话筒具有体积小、结构简单、电声性能好、价格低的特点，广泛用于盒式录音机、无线话筒及声控等电路中，属于最常用的电容话筒，其外形和结构如图 2—18 所示。

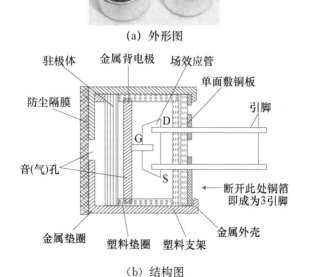

（a）外形图

（b）结构图

图 2—18 驻极体话筒外形和结构图

由于输入和输出阻抗很高，所以要在这种话筒外壳内设置一个场效应管作为阻抗转换器，为此驻极体电容式话筒在工作时需要直流工作电压。

1. 驻极体话筒引脚的认知

驻极体话筒可分两端式和三端式，如图 2—19 所示。在使用驻极体话筒之前首先要对其进行极性的判别。

(a) 两端直插式和焊脚式　　　　(b) 三端直插式和焊脚式

图 2—19　驻极体话筒种类

两端式驻极体话筒的两个引出脚分别是漏极 D 和接地端，源极 S 在话筒内部与接地端连在一起，该话筒底部只有两个接点，其中与金属外壳相连的是接地端。三段式驻极体话筒的三个引出脚分别是源极 S、漏极 D 和接地端，该话筒底部只有三个接点，其中与金属外壳相连的是接地端。

📝 **写一写**

根据上文讲解，写出下列驻极体话筒引脚的名称。

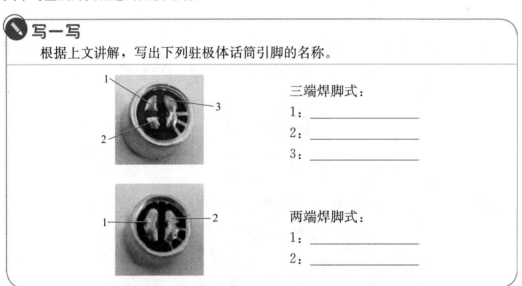

三端焊脚式：

1：_____

2：_____

3：_____

两端焊脚式：

1：_____

2：_____

2. 驻极体话筒的检测

下面介绍利用 MF50 型指针式万用表快速判断驻极体话筒的极性、检测驻极体话筒的好坏及性能的具体方法。具体测量方法如图 2—20（a）所示。

在测量中驻极体话筒正常测得的电阻值应该是一大一小。如果正、反向电阻值均为∞，则说明被测话筒内部的场效应管已经开路；如果正、反向电阻值均接近或等于0Ω，则说明被测话筒内部的场效应管已被击穿或发生了短路；如果正、反向电阻值相等，则说明被测话筒内部场效应管栅极 G 与源极 S 之间的晶体二极管已经开路。由于驻极体话筒是一次性压封而成，所以内部发生故障时一般不能维修，弃旧换新即可。

　　将万用表拨至"R×100"或"R×1k"电阻挡，按照图 2—20（b）所示，黑表笔（万用表内部接电池正极）接被测两端式驻极体话筒的漏极 D，红表笔接接地端（或红表笔接源极 S，黑表笔接接地端），此时万用表指针指示在某一刻度上，再用嘴对着话筒正面的入声孔吹一口气，万用表指针应有较大摆动。指针摆动范围越大，说明被测话筒的灵敏度越高。如果没有反应或反应不明显，则说明被测话筒已经损坏或性能下降。对于三端式驻极体话筒，按照图 2—20（c）所示，黑表笔仍接被测话筒的漏极 D，红表笔同时接源极 S 和接地端（金属外壳），然后按相同方法吹气检测即可。

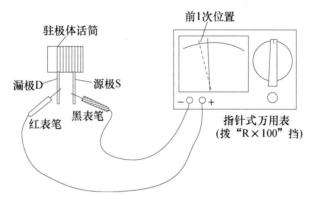

（a）利用万用表判断驻极体话筒的好坏

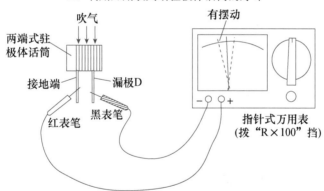

（b）利用万用表检测驻极体话筒的灵敏度

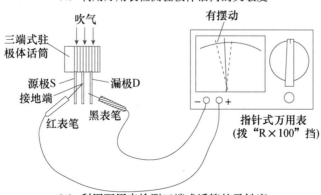

（c）利用万用表检测三端式话筒的灵敏度

图 2—20　利用万用表检测驻极体话筒

试一试

请利用万用表自行测量二端式和三端式驻极体话筒，并判读好坏及灵敏度。

3. 声控及放大电路

如图 2—21 所示，当声控及放大电路正常工作时，若无脚步声或响声，驻极体话筒 MC 无动态信号。偏置电阻 R_{P2} 和 R_2 使 NPN 三极管 VT_1 导通，TP_1 点为低电平信号。当有脚步声或响声时，驻极体话筒 MC 有动态波动信号输入到放大电路中 VT_1 的基极，由于电容 C_1 的隔直通交作用，加在基极信号相对零电平有正、负波动信号，使集电极输出 TP_1 点为高电平动态信号。

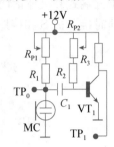

图 2—21 声控及放大电路原理图

（二）光敏二极管

光敏二极管也叫光电二极管或红外接收二极管，用字母"VD"表示。光敏二极管与半导体二极管在结构上是类似的，其管芯是一个具有光敏特征的 PN 结，具有单向导电性，因此工作时需加上反向电压。无光照时，有很小的饱和反向漏电流，即暗电流，此时光敏二极管截止。当受到光照时，饱和反向漏电流大大增加，形成光电流，它随入射光强度的变化而变化。

1. 光敏二极管的种类

光敏二极管种类很多，有红外二极管、激光光电二极管、紫外光电二极管、视敏光电二极管等。光敏二极管广泛用于智能灯的控制、环境光检测、各种家用电器的遥控接收器中。

写一写

请按照国标 GB/T 4728—2005 画出光电二极管的电路符号。

实物图   电路符号

2. 光敏二极管的检测

光敏二极管极性的检测：通常直接查看光电二极管的引线长短即可区分，长引脚为正极（P 极），短引脚为负极（N 极）。对有色点或管键标识的管子，其靠近标识的一脚为正极，另一脚为负极。

判断光敏二极管的好坏可以用万用表 R×1k 挡，测光电二极管的正向电阻，其阻值应当在 10kΩ 左右，然后用挡板挡住光电二极管的光线接收窗，测其反向电阻，其阻值为无穷大，把挡板去掉，让光电二极管接受光照，当光线越强时，其反向电阻就越小。符合上述阻值特点的被测管是好的。如果被测管接受光照与不接受光照的反向阻值没有变化，说明管子是坏的。

试一试

请利用万用表对教师发放的光敏二极管进行检测。

3. 光控电路

如图 2—23 所示，光敏二极管在电路当中反接，阴极接电源正极，阳极接地，当光敏二极管 VL_2 有光照射时，产生光电流，TP 点电位被拉低呈现低电平。而无光照射时，TP 呈现高电平。

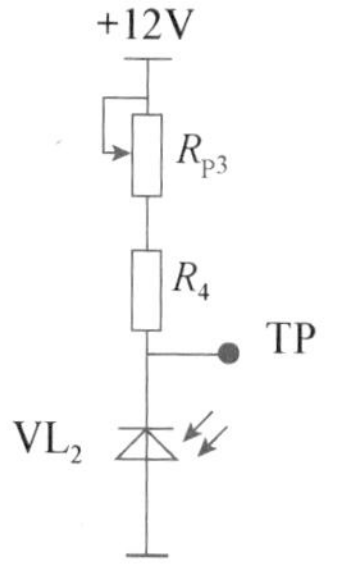

（三）与非门逻辑电路（CD4011）

CD4011 是集成 4 个 2 输入与非门的集成块，如图 2—23 所示。此芯片工作电压范围宽（3～18V），由于内部采用 CMOS 材料，故使用时应注意佩戴防静电手环。其引脚功能说明及电路符号如表 2—6、表 2—7 所示。

图 2—22　光控电路原理图

图 2—23　与非门 CD4011 实物图

写一写

表 2—6　　　　　与非门（CD4011）引脚说明

CD4011 引脚图		引脚序号	引脚功能
1A 1　　14 V_{DD} 1B 2　　13 4B 1Y 3　　12 4A 2Y 4　　11 4Y 2A 5　　10 3Y 2B 6　　9 3B V_{SS} 7　　8 3A		＿＿＿脚	数据输入端
		＿＿＿脚	数据输出端
		7 脚	接地端
		14 脚	电源端

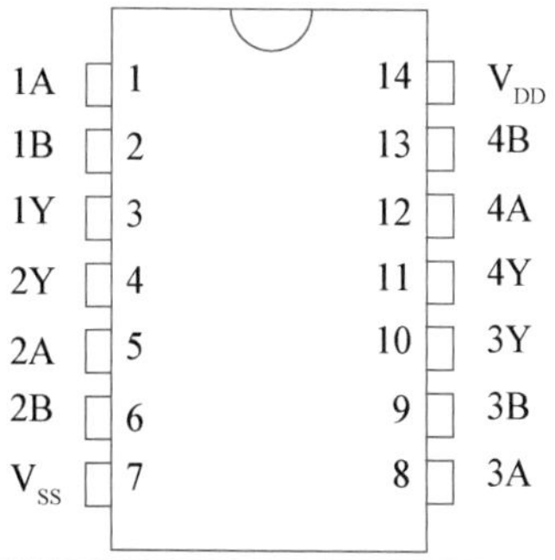

写一写

表 2—7 与非门表达式与电路符号

表达式	符号		功能表		
	GB/T 4728—2005	ANSI/IEEEStd91—1984	A	B	$Y=\overline{A \cdot B}$
$Y=\overline{A \cdot B}$			0	0	
			0	1	
			1	0	
			1	1	

（四）声光控制电路的工作原理

如 2—24 所示，接通电源后，调整 R_{P1}，使 TP_0 直流电压接近 8V，调整 R_{P2}，使小灯泡 L 处于点亮的临界状态，调整 R_{P3}，也使小灯泡 L 处于点亮的临界状态（灯不亮，而 TP_2 为低电平）。对着电容话筒放 MC 发声（较长音），电容话筒输出一脉冲，使 VT_1 导通，集电极输出低电平，IC_1 的 5、6 脚为低电平，11 脚输出低电平，使 VT_3 由原来的导通变为截止，集电极输出高电平，触发可控硅 SCR 的栅极，使可控硅导通，小灯泡 L 点亮。光照射到光敏二极管上，使 VT_2 由导通变为截止，集电极输出高电平，使 IC_1 的 11 脚维持为低电平，VT_3 保持截止，可控硅保持导通，小灯泡继续点亮。

当用黑纸把小灯泡 L 和光敏二极管 VL_2 隔开，小灯泡的光不再照射到光敏二极管上时，稳压二极管 VZ_2 的阴极为高电平，使三极管 VT_2 由截止变为导通，集电极输出低电平，使 IC_1 的 11 脚变为高电平，VT_3 变为导通，集电极输出低电平，可控硅 SCR 的栅极没有了触发电压，可控硅截止，小灯泡 L 熄灭。

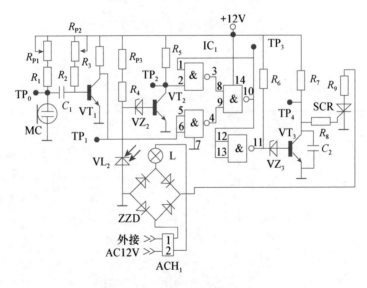

图 2—24　声光控制电路原理图

项目计划

　　根据上述知识与技术信息，在下表中列出安装与调试恒温控制器和声光控制器的工作计划。

序号	工作步骤	工具/辅具	注意事项

项目实施

一、职业与安全意识

在完成工作任务的过程中，操作符合安全操作规程。使用仪器仪表、工具操作时安全、规范。注意工具摆放，包装物品、导线线头等的处理，符合职业岗位的要求。遵守实习实训纪律，尊重实习指导教师，爱惜实习实训设备和器材，保持工位的整洁。应尽量避免因操作不当或违反操作规程，造成设备损坏或影响其他同学的正常工作。杜绝浪费材料、污染实习实训环境、遗忘工具在工作现场等不符合职业规范的行为。

二、元器件选择

要求：根据给出的恒温控制器电路原理图（见图 2—4）和元器件表（见表 2—8），在印制电路板焊接和产品安装过程中，正确无误地从赛场提供的元器件中选取所需的元器件及功能部件。安装材料清单列表，见表 2—8。

表 2—8　　　　　　　　　　　恒温控制器和声光控制元器件列表

序号	标称	名称	型号/规格	参考价格（元）	图形符号	外观	检验结果
1	ACH_1	扣线插座	CON2	0.50			
2	C_1	电容器	104	0.05			
3	C_2	电容器	105	0.05			
4	C_3	电容器	104	0.05			
5	C_4	电容器	224	0.05			
6	C_5	电容器	474	0.05			
7	C_6	电容器	104	0.05			
8	C_7	电容器	101	0.05			
9	C_8	电解电容	$1000\mu/16V$	0.50			
10	C※	电容器	0.1μ	0.05			
11	DCH_2	扣线插座	CON3	0.60			
12	IC_1	集成	CD4011	1.20			

续前表

序号	标称	名称	型号/规格	参考价格（元）	图形符号	外观	检验结果
13	IC$_2$	集成	LM35	0.50			
14	IC$_3$	集成	OP07	1.20			
15	IC$_4$	集成	ICL7107	3.50			
16	IC$_5$	集成	7805 带散热片	0.80	Vin Vout GND		
17	J	短路跳线		0.05			
18	JK	继电器	ATQ203 TQ2-12V	6.00	JK		
19	K	拨动开关	1×2	0.80	K		
20	L	灯泡	AC6.3V	0.80			
21	MC	电容话筒		1.00			

续前表

序号	标称	名称	型号/规格	参考价格（元）	图形符号	外观	检验结果
22	R₁	电阻器	10k	0.02			
23	R₂	电阻器	27k	0.02			
24	R₃	电阻器	33k	0.02			
25	R₄	电阻器	100k	0.02			
26	R₅	电阻器	33k	0.02			
27	R₆	电阻器	20k	0.02			
28	R₇	电阻器	2k	0.05			
29	R₈	电阻器	470	0.05			
30	R₉	电阻器	2W/51	1.00			
31	R₁₀	电阻器	1k	0.03			
32	R₁₁	电阻器	33k	0.03			
33	R₁₂	电阻器	33k	0.03			
34	R₁₃	电阻器	1M	0.03			
35	R₁₄	电阻器	3.3k	0.03			
36	R₁₅	电阻器	1k	0.03			
37	R₁₆	电阻器	10W/20	2.00			
38	R₁₇	电阻器	1W/100	0.50			
39	R₁₈	电阻器	1W/100	0.50			
40	R₁₉	电阻器	2W/20	0.50			
41	R₂₀	电阻器	1W/100	0.50			
42	R₂₁	电阻器	1M	0.02			
43	R₂₂	电阻器	470k	0.02			
44	R₂₃	电阻器	1k	0.02			
45	R₂₄	电阻器	15k	0.02			
46	R₂₅	电阻器	120k	0.02			
47	R₂₆	电阻器	2W/20	1.00			
48	R_p1	电位器	20k	1.50			
49	R_p2	电位器	1M	1.50			
50	R_p3	电位器	500k	1.50			
51	R_p4	电位器	50k	1.50			
52	R_p5	电位器	5k	1.50			
53	R_p6	电位器	5k	1.50			
54	SCR	可控硅	BT151	1.50			
55	SH₁	数码管		1.50			
56	SH₂	数码管	0.5吋共阳数码管	1.50			
57	SH₃	数码管		1.50			
58	SH₄	数码管		1.50			

续前表

序号	标称	名称	型号/规格	参考价格（元）	图形符号	外观	检验结果
59	TP$_0$	测试杆		0.10			
60	TP$_1$	测试杆		0.10			
61	TP$_2$	测试杆		0.10			
62	TP$_3$	测试杆		0.10			
63	TP$_4$	测试杆		0.10			
64	TP$_5$	测试杆		0.10			
65	TP$_6$	测试杆		0.10			
66	TP$_7$	测试杆		0.10			
67	TP$_8$	测试杆		0.10			
68	TP$_9$	测试杆		0.10			
69	TP$_{10}$	测试杆		0.10			
70	VD$_1$	二极管	1N4148	0.05			
71	VL$_1$	发光二极管	LED	0.08			
72	VL$_2$	光电二极管		0.80			
73	VT$_1$	三极管	9013	0.08			
74	VT$_2$	三极管	9013	0.08			
75	VT$_3$	三极管	9013	0.08			
76	VT$_4$	三极管	9013	0.08			
77	VZ$_1$	稳压二极管	1N4733A (5.1V)	0.20			
78	VZ$_2$	稳压二极管	1N4728A (3.3V)	0.10			
79	VZ$_3$	稳压二极管	1N4728A (3.3V)	0.10			
80	VZ$_4$	稳压二极管	1N4728A (3.3V)	0.10			
81	ZZD	桥式整流器	RS808	1.0			

元器件选择可按以下四种情况进行评价，见表 2—9。

表 2—9   元器件选择评价标准

评价等级	评价标准
A级	根据元器件列表，元器件选择全部正确，电子产品功能全部实现，恒温控制器工作正常
B级	根据元器件列表，电路主要元器件选择正确，在印制电路板上完成焊接，但电路只实现部分功能
C级	根据元器件列表，电路主要元器件选择错误，在印制电路板上完成焊接，但电路未能实现任何一种功能
D级	无法根据元器件列表按照要求选择所需元器件，在规定时间内电路板上未能全部焊接上元器件

三、产品焊接

根据给出的恒温控制器电路原理图（见图 2—4），将选择的元器件准确地焊接在产品的印制电路板上。

要求：在印制电路板上所焊接的元器件的焊点大小适中、光滑、圆润、干净，无毛刺；无漏、假、虚、连焊，引脚加工尺寸及成形符合工艺要求；导线长度、剥线头长度符合工艺要求，芯线完好，捻线头镀锡。其中包括：

（1）贴片焊接：贴片焊接工艺按下面标准分级评价，见表 2—10。

表 2—10   贴片焊接工艺评价标准

评价等级	评价标准
A级	所焊接的元器件的焊点适中，无漏、假、虚、连焊，焊点光滑、圆润、干净，无毛刺，焊点基本一致，没有歪焊
B级	所焊接的元器件的焊点适中，无漏、假、虚、连焊，但个别（1～2个）元器件有下面现象：有毛刺，不光亮，或出现歪焊
C级	3～5个元器件有漏、假、虚、连焊，或有毛刺，不光亮，歪焊
D级	有严重（超过6个元器件以上）漏、假、虚、连焊，或有毛刺，不光亮，歪焊
E级	完全没有贴片焊接

（2）非贴片焊接：非贴片焊接工艺按下面标准分级评价，见表 2—11。

表 2—11   非贴片焊接工艺评价标准

评价等级	评价标准
A级	所焊接的元器件的焊点适中，无漏、假、虚、连焊，焊点光滑、圆润、干净，无毛刺，焊点基本一致，引脚加工尺寸及成形符合工艺要求；导线长度、剥线头长度符合工艺要求，芯线完好，捻线头镀锡
B级	所焊接的元器件的焊点适中，无漏、假、虚、连焊，但个别（1～2个）元器件有下面现象：有毛刺，不光亮，或导线长度、剥线头长度不符合工艺要求，捻线头无镀锡
C级	3～6个元器件有漏、假、虚、连焊，或有毛刺，不光亮，或导线长度、剥线头长度不符合工艺要求，捻线头无镀锡

续前表

评价等级	评价标准
D 级	有严重（超过 7 个元器件以上）漏、假、虚、连焊，或有毛刺，不光亮，导线长度、剥线头长度不符合工艺要求，捻线头无镀锡
E 级	超过 1/5 的元器件（15 个以上）没有焊接在电路板上

四、产品装配

根据给出的恒温控制器电路原理图（见图 2—4），把选取的电子元器件及功能部件正确地装配在产品的印制电路板上。

要求：元器件焊接安装无错漏，元器件、导线安装及元器件上字符标识方向均应符合工艺要求；电路板上插件位置正确，接插件、紧固件安装可靠牢固；线路板和元器件无烫伤和划伤处，整机清洁无污物。

电子产品电路装配可按下面标准分级评价，见表 2—12。

表 2—12　　　　　　　　　　电子产品电路装配评价标准

评价等级	评价标准
A 级	焊接安装无错漏，电路板插件位置正确，元器件极性正确，接插件、紧固件安装可靠牢固，电路板安装对位；整机清洁无污物
B 级	元器件均已焊接在电路板上，但出现错误的焊接安装 1～2 个元器件；或缺少 1～2 个元器件或插件；或 1～2 个插件位置不正确或元器件极性不正确；或元器件、导线安装及字标方向不符合工艺要求；或出现 1～2 处烫伤和划伤，有污物
C 级	缺少 3～5 个元器件或插件；3～5 个插件位置不正确或元器件极性不正确；或元器件、导线安装及字标方向不符合工艺要求；3～5 处出现烫伤和划伤，有污物
D 级	缺少 6 个以上元器件或插件；6 个以上插件位置不正确或元器件极性不正确，元器件导线安装及字标方向不符合工艺要求；6 处以上出现烫伤和划伤，有污物

五、产品调试与检测

将已经焊接好的恒温控制器电路板，进行电路检测并实现电路正常工作。

（一）调试与检测

正确完成电路的安装与调试，调试后进行检测，并把检测的结果填在题目的空格中。

（1）把短路线 J 连接好，将拨动开关 K 置"1"（左）位置，调节电位器 R_{P4}、R_{P5}。使数码管显示 50.0，此时代表温度设置为 50℃，测量 TP_7 的电压为_____ mV。

（2）用纸把光电二极管 VL_2 与小灯泡 L 隔开，然后向电容话筒 MC 吹气，小灯泡 L 出现的现象是_____。

（3）在小灯泡 L 熄灭时，测试点 TP_3 电平为_____，TP_4 电压为_____ V；小灯泡 L 点亮时，测试点 TP_3 电平为_____，TP_4 电压为_____ V。

（4）集成块 IC_3 接成的电路是_____。

（二）测量

在正确完成电路的安装与调试后，使用给出的仪器，对相关电路进行测量，并把测量的结果填在相关的表格中。

（1）电路在正常工作时，测量测试点 TP_8。

波形	周期	幅度
	$T=$＿＿＿＿ ms	$V_{P-P}=$＿＿＿＿ V

（2）连接 12V 电源后，将拨动开关 K 置"1"（左）位置：

①调节电位器 R_{P4}、R_{P5}，使用数字万用表测 TP_6 的直流电压为 450mV，把数码显示电路的显示结果记录在下表相应空格中。把开关 K 拨到"2"（右）位置，恒温电路开始工作，观察发光二极管 VL_1 熄灭时、VL_1 重亮时及数码管显示最高值时，数码管显示的数值并记录在下表中。

状态	VL_1 熄灭时		VL_1 重亮时	数码管最高值
TP_6 电压（mV）	╳	450	╳	╳
数码管显示				

②根据上表数据，在下面的坐标轴上，简单画出温控曲线变化图，如图 2—25 所示。

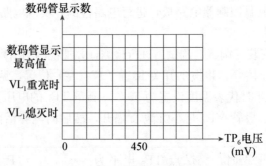

图 2—25　温控曲线变化图

六、绘制电路原理图及板图

使用 Protel DXP 2004 软件，绘制电路原理图和 PCB 板图。

（一）绘制电路原理图

要求：在图 2—26 的基础上，使用 Protel DXP 2004 软件，正确绘制电路原理图。

（1）按图 2—26 内容绘制电路图，要求各集成块管脚位置及属性按图中所示设置，并参照图 2—27 对各元件 footprint 属性项进行选置。

（2）生成原理图的网络表文件。

（3）生成原理图的元件列表文件。

（4）保存文件。

（二）绘制 PCB 板图

要求：在图 2—26 的基础上，使用 Protel DXP 2004 软件，正确绘制 PCB 板图。

（1）生成如图 2—26 所示的双面 PCB 图，双面板的尺寸规格为 120mm×80mm，元件布局要求如图 2—27 所示。

（2）要求 V_{CC} 和 GND 按图 2—27 所示布线：V_{CC} 和 GND 均在底层，线宽为 40mil。

（3）其他连线宽度为 12mil。用自动布线完成，并对布线进行手工优化调整。

（4）保存文件。

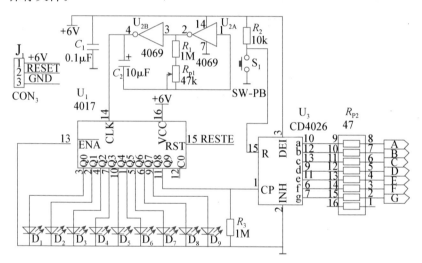

图 2—26　电路图的双面 PCB 图

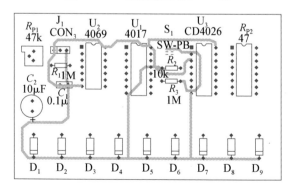

图 2—27　印制板图

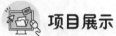 **项目展示**

一、演示

参加人员：学生组（2人1组）的代表

演示时间：每组5分钟

演示内容：

（1）展示本组恒温控制器电路实物效果。

（2）简要介绍项目的计划方案和实施方法。

（3）采用小组提问方式，对本电路中数码管显示电路、恒温控制电路和声光控制电路的控制方法进行考核。

二、要求

（1）简要介绍本电路中各部分的作用。

（2）介绍实施过程中的元器件的测量检测和注意事项。

项目检验

教师根据学生在实施环节中的表现，以及完成工作计划表的情况对每位学生进行点评。参考教师评价表如下。

学号		姓名		班级	
元器件选择评价等级			产品焊接工艺评价等级		
产品装配评价等级			产品调试检测评价等级		
安全文明生产情况					
操作流程的遵守情况					
仪器与工具的使用情况					
计划表格的完成情况					
总评语					

 项目扩展

<h2 style="text-align:center">原理图库的建立</h2>

【任务描述】

Protel DXP 2004 设计软件提供了丰富的集成元件库，涵盖了具有代表性的元器件厂商的主要产品。但各类新型元器件层出不穷，在实际的原理图设计过程中常会遇到在集成元件库里找不到所需的元件的情况，此时就需要设计自己的元器件的情况，下面为大家介绍原理图库和库元件的生成方法。

新建原理图元器件或元器件库必须在原理图的元器件编辑状态下进行，原理图的元器件编辑器主要用于编辑、制作和管理元器件的图形符号库，其操作界面和原理图的编辑界面基本相同，不同的是增加了专门用于制作元器件和进行库管理的工具。

一、启动元器件库编辑器

启动元器件编辑器的具体步骤如下：

（1）执行菜单命令【文件】/【创建】/【库】/【原理图库】，打开原理图的元器件库编辑器，系统自动生成了一个原理图库文件"Schlib1.SchLib"，如图 2—28 所示。

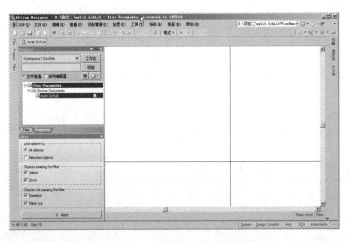

图 2—28　元器件库编辑器

（2）执行菜单命令【保存】，保存原理图库文件到所需的路径，如"D:\项目二\mylib.SchLib"。

（3）执行菜单命令【查看】/【工作区面板】/【SCH】/【SCH Library】，在工作区面板中打开【SCH Library】（原理图元器件库）编辑管理器，如图 2—29 所示。

（4）在制作元器件时，除了在绘制原理图时经常用到的一般绘图工具外，还增加了绘制元器件引脚和 IEEE 符号等的绘图工具。执行菜单命令【放置】，从弹出的下拉菜单中可以看到常用的绘图工具命令以及其意义，如图 2—30 所示。

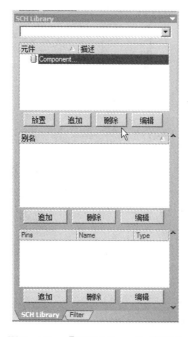

图 2—29　【SCH Library】管理器　　　　图 2—30　常用的绘图工具

到此为止，我们已经建立了新的元器件库，并可以看到在元器件库中自动生成了一个新的元器件，元器件名称默认为"Component_1"，接下来就可以在该编辑环境中创建自己的元器件了。一般制作一个新元器件需要打开库元器件编辑环境、创建一个新元器件、绘制元器件外形、放置引脚、设置引脚属性、设置元器件属性、追加元器件的封装模型和保存元器件等步骤。

二、制作新元器件

要在打开的元器件库中创建一个新的原理图元器件，只要执行菜单命令【工具】/【新元件】就可以了。由于在新建的元器件库"mylib.SchLib"中已经有一个新元器件"Component_1"，下面就以对该元器件的编辑为例，介绍创建新元件的方法。本例中，要求制作一个如图 2—31 所示的新元器件 AT89S51。

（1）在元器件库编辑管理器中，选中元器件"Component_1"，然后执行菜单命令【工具】/【重新命名元件】，弹出【Rename Component】（重新命名元器件）对话框，修改元器件的名称为"AT89S51"，如图 2—32 所示；单击"确定"按钮，对元器件名称予以确认。此时，在工作区面板的【SCH Library】选项卡中可以看到元器件的名称已改变为"AT89S51"。

（2）执行菜单命令【编辑】/【跳转到】/【原点】，或者通过快捷键"Ctrl＋Home"，将图纸原点调整到设计窗口的中心。

（3）绘制元器件的外形，也就是在绘制原理图时看到的元器件的轮廓，它不具备电气特性，因此要采用非电气绘图工具来绘制。单击鼠标右键，选择【放置】/【矩

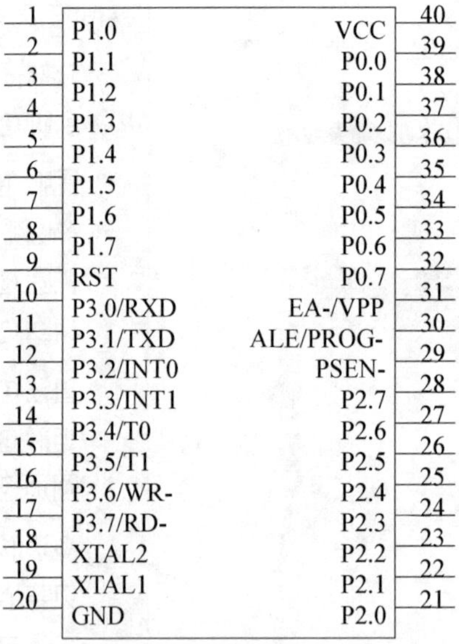

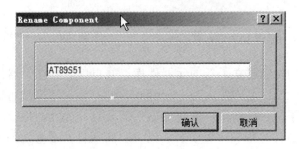

图 2—31　要制作的新元器件 AT89S51

图 2—32　重新命名元器件的名称为"AT89S51"

形】，如图 2—33 所示。在绘图区窗口中心位置放置矩形框以绘制元器件的外形。根据所要绘制的元器件，适当设置矩形框的属性并放置到绘图区，如图 2—34 所示。

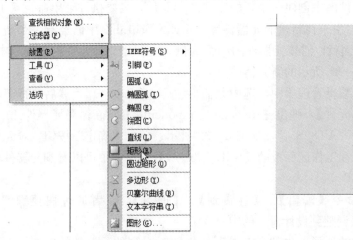

图 2—33　放置矩形 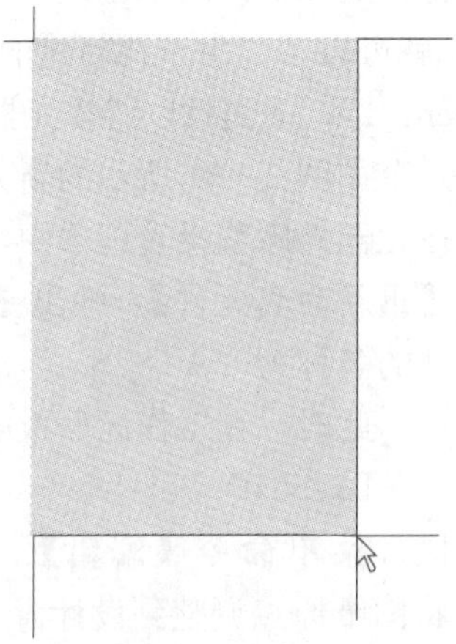　　　　　　　　图 2—34　绘制 AT89S51

（4）在绘制了元器件的外形之后，接下来就可以为该元器件添加引脚了。所谓元器件引脚就是元器件与导线或其他元器件之间相连接的地方，是绘制的自定义元器件中具有电气属性的地方。在绘图区单击鼠标右键，在弹出的快捷菜单中执行菜单命令【放置】/【引脚】，也可以通过快捷键"P+P"启动放置引脚命令。启动放置引脚命令后，可以看到在鼠标上黏附着一个引脚，如图 2—35 所示。

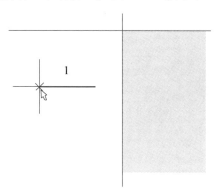

图 2—35　启动放置引脚命令后黏附在光标上的引脚

（5）在绘制引脚状态下按"Tab"键，弹出【引脚属性】对话框，在对话框中单击【逻辑】选项卡，打开【逻辑】选项卡，可以对引脚的属性进行设置，如图 2—36 所示。

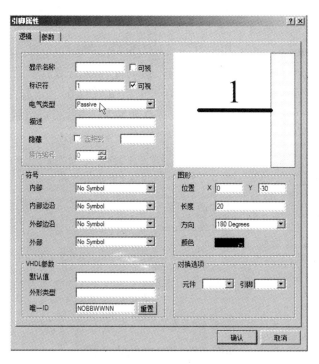

图 2—36　【引脚属性】对话框

（6）根据 AT89S51 的标号为 1 的引脚电气属性，设置【显示名称】为"P1.0"，设置【标识符】为"1"。第一个引脚应该放置在绘制的矩形边框的左上角，因此设置【方向】为"180 Degrees"，【电气类型】设为"Passive"。用户也可以查阅并参考AT89S51 的器件手册进行设置，如图 2—37 所示。

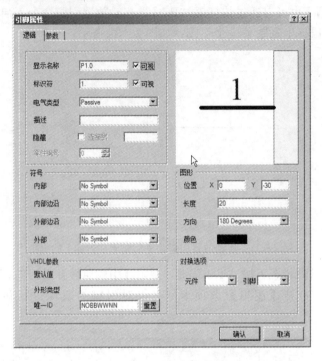

图 2—37 【引脚属性】设置

（7）设置完成后，单击"确定"按钮，移动光标到矩形边框的左上角，单击鼠标左键放置第一个引脚。此时可以看到，第 1 个引脚放置在了元器件的边框上。此时，光标上还黏附着一个新的引脚，并且标识符自动加 1，表示可以继续放置其他引脚，如图 2—38 所示。

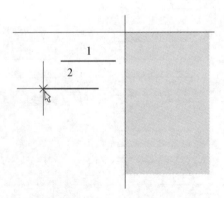

图 2—38 第 1 个引脚的放置

（8）按照相同的方法，放置其余引脚。引脚的名称、标号等属性用户可以参考AT89S51 的器件手册，也可参考图 2—39 设置。

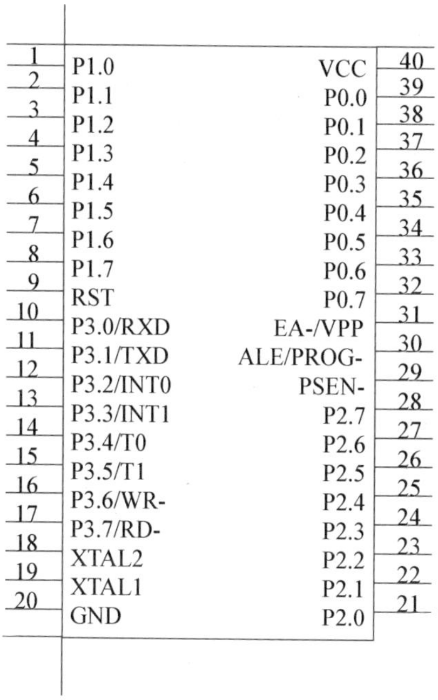

1 P1.0
2 P1.1
3 P1.2
4 P1.3
5 P1.4
6 P1.5
7 P1.6
8 P1.7
9 RST
10 P3.0/RXD
11 P3.1/TXD
12 P3.2/INT0
13 P3.3/INT1
14 P3.4/T0
15 P3.5/T1
16 P3.6/WR-
17 P3.7/RD-
18 XTAL2
19 XTAL1
20 GND
VCC 40
P0.0 39
P0.1 38
P0.2 37
P0.3 36
P0.4 35
P0.5 34
P0.6 33
P0.7 32
EA-/VPP 31
ALE/PROG- 30
PSEN- 29
P2.7 28
P2.6 27
P2.5 26
P2.4 25
P2.3 24
P2.2 23
P2.1 22
P2.0 21

图 2—39 AT89S51 外形

(9) 绘制完引脚后，接下来设置元器件的属性。在工作区面板中，单击【SCH Library】选项卡打开库元器件管理器。移动光标到【元件】选项的新建元器件 AT89S51 上，单击鼠标左键选中该元器件，单击“编辑”按钮，打开【Library Component Properties】(库元器件属性) 对话框，如图 2—40 所示。

Library Component Properties
属性
Default Designator
U?
可视
锁定
注释
8bit MCU
库参考
AT89S51
描述
8bit MCU PDIP 40Pins
类型
Standard
Parameters for AT89S51
名称
数值
类型
追加
作为规则加入
图形
模式
显示图纸上全部引脚(即使是隐藏)
局部颜色
锁定引脚
Models for AT89S51
描述
删除
编辑
编辑引脚
确认
取消

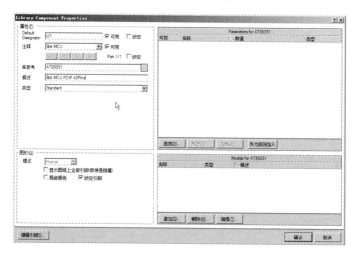

图 2—40 【Library Component Properties】对话框

(10) 在设置好元器件的属性后，接下来对元器件进行封装设置。在【Library Component Properties】对话框中，单击“追加”按钮，弹出【加新的模型】对话框，单击下拉按钮▼，从弹出的选项中选择“Footprint”选项，如图 2—41 所示。

图 2—41　【加新的模型】对话框

（11）单击"确认"按钮，予以确认并关闭该对话框。系统自动弹出【PCB 模型】对话框，如图 2—42 所示。

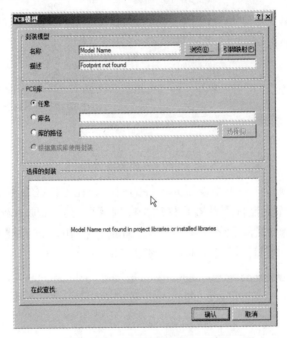

图 2—42　【PCB 模型】对话框

（12）在系统自动弹出的【PCB 模型】对话框中，用户可以进行元器件封装的设置。单击对话框中的"浏览"按钮，弹出【浏览库】对话框，如图 2—43 所示。

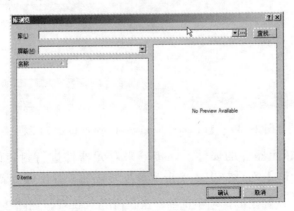

图 2—43　【浏览库】对话框

（13）AT89S51 有"PDIP"、 "PLCC"和"TQFP"三种封装形式，在此选择"PDIP"的封装形式对刚刚创建的元器件进行封装。单击【浏览库】对话框中的███按钮，弹出【可用元件库】对话框，如图 2—44 所示。

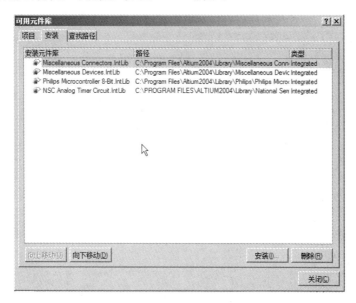

图 2—44 【可用元件库】对话框

（14）单击【可用元件库】对话框的"安装"按钮，弹出【打开】对话框，设置【打开】对话框的【文件类型】为"Protel Footprint Library（＊.PCBLIB）"，并且设置打开的路径，也就是设置【查找范围】为"C:\Program Files\Altium2004\Library\Pcb"，如图 2—45 所示。

图 2—45 【打开】对话框的设置

（15）从打开的文件列表中选择"DIP-PegLeads. PCBLIB"，单击"打开"按钮，打开文件并关闭【打开】对话框，回到【可用元件库】对话框，可以发现在该对话框的【安装】选项卡的【安装元件库】下拉列表中添加了刚才安装的"DIP-PegLeads. PCBLIB"，如图2—46所示。

图2—46　新安装的"DIP-PegLeads. PCBLIB"

（16）单击"关闭"按钮关闭该对话框，回到【浏览库】对话框，可以看到在【库】的文本框中出现了刚刚安装的库名称，从【名称】中选择"DIP-P40"的封装格式，如图2—47所示。

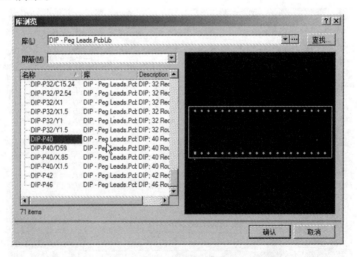

图2—47　封装形式的选择

（17）在选择好封装形式之后，单击【浏览库】对话框上的"确认"按钮，回到【PCB模型】对话框，可以看到【封装模型】选项的【名称】和【描述】的文本框都自动设置为刚刚选择的设置，并且在【选择的封装】一栏里给出了封装的样式，如图 2—48 所示。

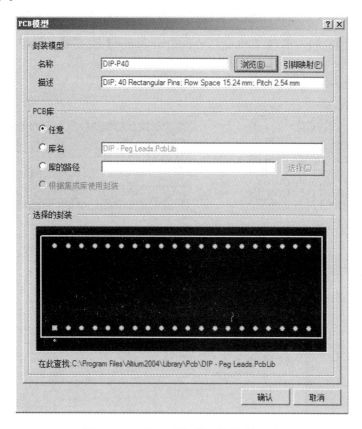

图 2—48 【PCB 模型】对话框的设置

（18）单击“确认”按钮关闭该对话框，回到设置好的【Library Component Properties】对话框，如图 2—49 所示。单击“确认”按钮予以确认并关闭该对话框。

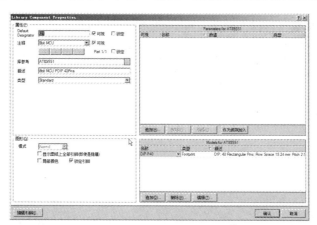

图 2—49 【Library Component Properties】对话框

（19）对设计的元器件进行保存，完成新元器件“AT89S51”的创建。

三、添加新元件

（1）若想为原理图库中添加一个新的元器件，则只需打开【SCH Library】管理库，单击 追加 按钮，出现【New Component Name】对话框，为新元件添加名称，本例中以"AT89C2051"为例，如图2—50所示。

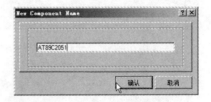

(a) IC4 AT89C2051　　　　　　　　(b) 为元器件输入名称

图2—50　为新元器件添加名称

（2）单击"确定"按钮，我们能够观察到【SCH Library】管理库当中的元件栏里已经出现了我们刚刚添加的元器件"AT89C2051"，如图2—51所示。

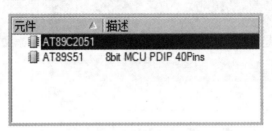

图2—51　新添加的元器件

（3）元器件库编辑器也同时会返回到如图2—52所示的元器件编辑界面。至此，我们就可以像开始一样制作元器件了。

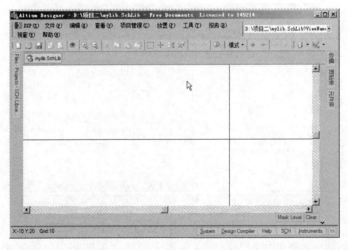

图2—52　元器件库编辑界面

（4）在空白处单击鼠标右键选择【放置】/【矩形】，鼠标上会粘贴着一个矩形框，单击鼠标左键确定第一个顶点，调整鼠标位置确定第二个顶点，元件的外形即绘制完毕，如图2—53所示。

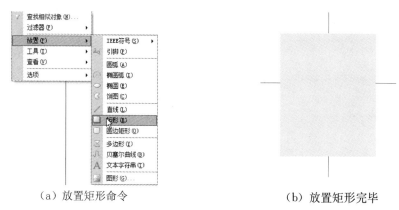

（a）放置矩形命令　　　　　　　　　　（b）放置矩形完毕

图2—53　绘制元器件外形

（5）单击鼠标右键选择【放置】/【引脚】，鼠标上会粘贴着一个引脚，在放置之前按"Tab"键打开【引脚属性】对话框对引脚进行编辑，编辑引脚属性如图2—54所示。

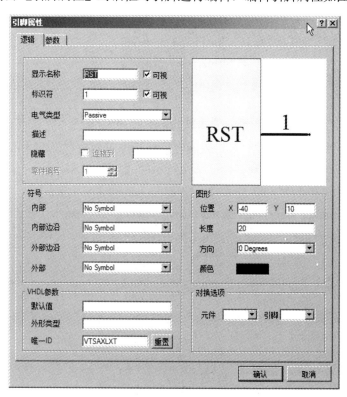

图2—54　引脚属性设置

（6）放置完第一个引脚之后，鼠标上仍粘贴着一个引脚，如图2—55所示。

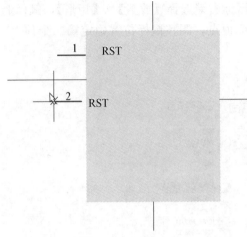

图 2—55　放置引脚

（7）用同样的方法根据图 2—50（a）所示完成各引脚名称的修改，并调整好位置，如图 2—56 所示。

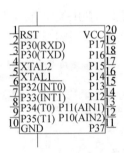

图 2—56　放置好引脚的"AT89C2051"

（8）为元器件"AT89C2051"设置属性。鼠标左键双击"SCH Library"里面的新建元件"AT89C2051"，会出现如图 2—57 所示的【Library Component Properties】对话框，按照图示参数进行设置。

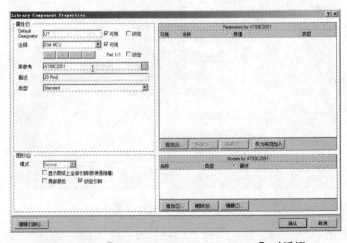

图 2—57　【Library Component Properties】对话框

（9）在【Library Component Properties】对话框中，模型栏内单击"追加"按钮，如图 2—58 所示。弹出【加新的模型】对话框，单击下拉按钮 ▼ ，从弹出的选项中选择"Footprint"选项，如图 2—59 所示。

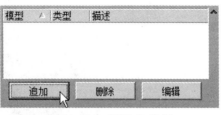

图 2—58　"追加"按钮

图 2—59　"Footprint"选项

（10）单击"确认"按钮，确认并关闭该对话框。系统自动弹出【PCB 模型】对话框，如图 2—60 所示。

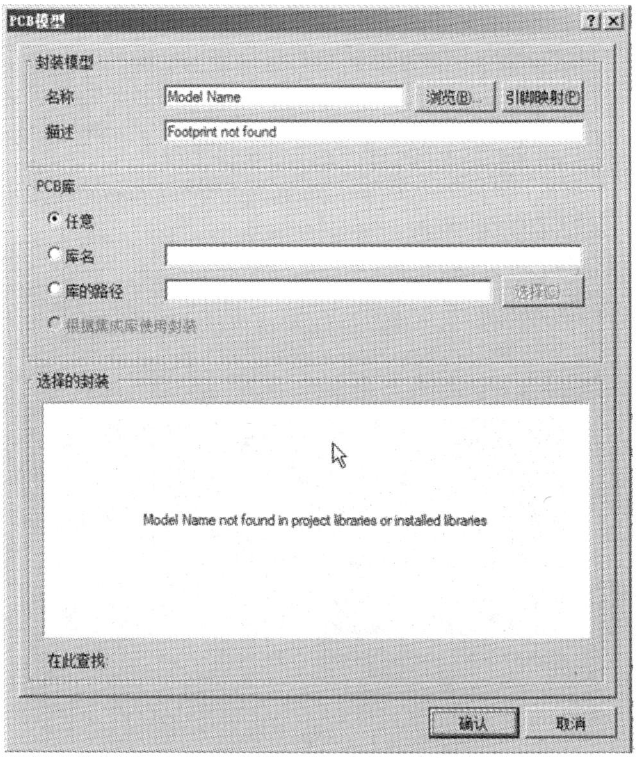

图 2—60　【PCB 模型】对话框

（11）在系统自动弹出的【PCB 模型】对话框中，用户可以进行元器件封装的设置。单击对话框中的"浏览"按钮，由于上例中已经为元器件"AT89S51"添加过封装库，所以在此不必为元器件重新添加封装库，便可弹出【浏览库】对话框，因为"AT89C2051"为 20 引脚，因此选择"DIP-P20"，如图 2—61 所示。

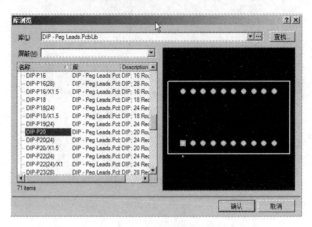

图 2—61　【库浏览】对话框

（12）在选择好封装形式之后，单击【库浏览】对话框上的"确认"按钮，回到【PCB 模型】对话框，可以看到【封装模型】选项的【名称】和【描述】的文本框都自动设置为刚刚选择的设置，并且在【选择的封装】一栏里给出了封装的样式，如图 2—62 所示。

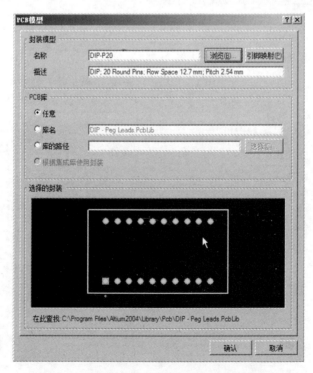

图 2—62　【PCB 模型】对话框的设置

（13）单击"确认"按钮关闭该对话框，打开【SCH Library】对话框，即可以查看到模型栏中已经出现了该元件的封装模型，如图 2—63 所示。

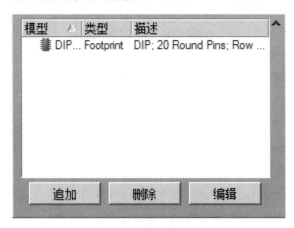

图 2—63　【SCH Library】模型栏

（14）对设计的元器件进行保存，完成新元器件"AT89C2051"的创建。

项目3　综合报警器

随着科技的进步，机械式报警器越来越多地被先进的电子报警器代替，综合报警器（见图3—1）是一种为防止或预防某事件发生造成后果，以声音、光、气压等形式来提醒或警示我们应当采取某种行动的电子产品。经常应用于系统故障、安全防范、交通运输、医疗救护、应急救灾、感应检测等领域，与社会生产密不可分。

图3—1　常见报警器

项目描述

根据综合报警器电路原理图，把选取的电子元器件及功能部件正确地安装在产品的印制电路板上。根据电路图和焊接好的电路板，对电路进行调试与检测，并根据要求绘制电路原理图、原理图库元件及PCB板图。

一、综合报警器实物图

综合报警器实物图，如图 3—2 所示。

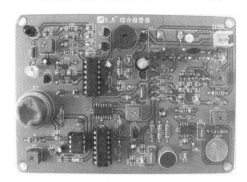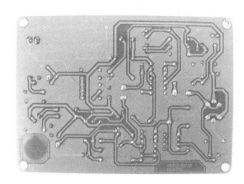

图 3—2 综合报警器实物图

二、项目要求

（一）电源电路工作正常

正确连接 5V 电源，LED 电源指示灯亮，表电源供电正常。

（二）烟雾检测电路正常

无烟雾，或者烟雾浓度较低的情况下 TP_1 电压较低，当烟雾浓度较高时 TP_1 电压升高，表传感器工作正常。调节 R_{P1}，使无烟雾或者烟雾浓度较低的情况下 TP_2 输出为低电平，LED_1 不亮。烟雾浓度较高时，TP_2 输出为高电平，LED_1 点亮。

（三）触摸检测电路正常工作

用手指触摸 TOUCH，LED_5 点亮。调节 R_{P2}，使得触摸一次手离开后 LED_5 点亮保持的时间为 $2\sim3s$。

（四）红外检测电路正常工作

测得 TP_6 产生方波，表红外脉冲信号发射电路正常。对管前无物体挡住时，TP_7 为低电平，LED_6 不亮。将物体放在红外对管前时，TP_7 为高电平，LED_6 点亮。调节 TP_7，使得感应的距离最远。

（五）声音检测电路正常工作

无声音或声音较小时，TP_5 为低电平。当有较大声音或振动时，TP_5 为高电平，LED_4 点亮。适当调节 R_{P3}，使其灵敏度适中。报警音乐不能使声音电路感应，否则，声音反馈回来会使一直报警。

（六）报警电路正常工作

任何一个检测电路有报警信号时，报警电路都会发出报警音乐，且 LED_2 报警灯亮。调节 R_{P4}，使得报警音乐速度正常。

三、电路原理图

综合报警器电路原理图如图 3—3 所示。

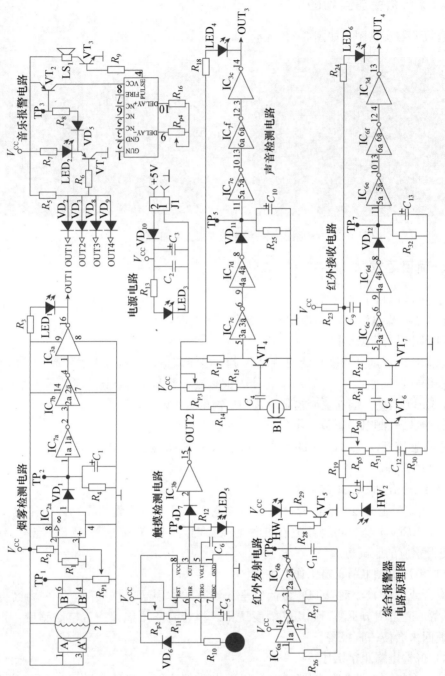

图3—3 综合报警器电路原理图

四、电路框图

综合报警器电路框图，如图 3—4 所示。

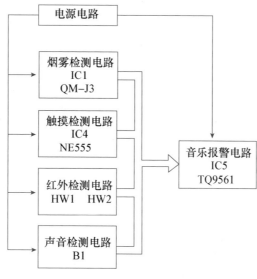

图 3—4　综合报警器电路框图

 项目分析

综合报警器电路主要由以下七部分组成：直流 9V 电源电路、直流 5V 电源开关控制电路、单片机最小系统、数码管显示电路、纸张检测电路、纸张数量设定电路和蜂鸣器报警电路。

（1）电源电路：电路外接直流＋5V 电源，从电源端输入的 5V 直流电压，经过二极管 VD_{10} 单向导通保护和 C_2、C_3 滤波后输出 V_{CC}，给综合报警器电路提供所需的直流电压。同时经过电阻 R_{13} 限流，发光二极管 LED_3 点亮，表示电源电路正常工作。

（2）烟雾检测电路：电路由气敏传感器 QM-J3 和 IC_2（LM358 电压比较器）组成。QM-J3 型气敏传感器 A 与 B 之间的电阻值在无烟和有烟时不同。当气敏传感器未检测到烟雾时，其 B 端输出低电平，LM358 输出低电平，从而使非门 IC_{3a} 输出高电平。当气敏传感器检测到烟雾时状态相反，发光二极管 LED_1 亮，输出报警信号。

（3）触摸检测电路：集成电路 IC_1 是一片 555 定时电路，在这里接成单稳态电路。平时由于触摸片端无感应电压，第 3 脚输出为低电平。当用手触碰到金属片时，人体感应的杂波信号电压由 R_{10} 加至 555 的触发端，使 555 的输出由低电平变成高电平，发光二极管 LED_5 点亮，输出报警信号。

（4）红外检测电路：电路由红外脉冲信号发射与接收、整形、放大以及滤波等部分组成。其中反相集成电路 IC_{6a}、IC_{6b}、电阻 $R_{26\sim27}$ 和电容 C_{11} 构成自激多谐振荡器，用于产生方波信号。当有物体靠近红外脉冲信号发射与接收器时，物体将被检测并输出脉冲信号，经过三极管 $VT_{6\sim7}$ 两级放大后，反相集成电路 IC_{6c}、IC_{6d} 对信号进行整形并输出报警信号。

（5）声音检测电路：电路由驻极体电容式传声器 B_1、三极管 VT_4 和整形放大反相

器 IC_7 组成。当对着驻极体电容式传声器 B_1 出声时，反相器 IC_{3c} 输出低电平，发光二极管 LED_4 点亮，输出报警信号。

（6）音乐报警电路：当音乐报警电路 $OUT_{1\sim4}$ 接收到报警信号时，三极管 VT_1、VT_2 导通，发光二极管 LED_2 点亮，无源蜂鸣器受音乐芯片 TQ9561 控制输出音乐信号。

项目信息

一、电源电路

电路外接直流＋5V 电源，从电源端输入的 5V 直流电压，经过二极管 VD_{10} 单向导通保护和 C_2、C_3 滤波后输出 V_{CC}，给综合报警器电路提供所需的直流电压。同时经过电阻 R_{13} 限流，发光二极管 LED_3 点亮，表示电源电路正常工作。

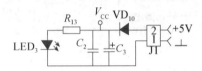

图 3—5　直流 5V 电源电路原理图

二、烟雾检测电路

（一）气敏传感器的认知

气敏传感器是一种检测特定气体的传感器。它主要包括半导体气敏传感器、接触燃烧式气敏传感器和电化学气敏传感器等，其中用的最多的是半导体气敏传感器。它的应用主要有：一氧化碳气体的检测、瓦斯气体的检测、煤气的检测、氟利昂（R11、R12）的检测、呼气中乙醇的检测、人体口腔口臭的检测等。它将气体种类及其与浓度有关的信息转换成电信号，根据这些电信号的强弱就可以获得与待测气体在环境中的存在情况有关的信息，从而可以进行检测、监控、报警；还可以通过接口电路与计算机组成自动检测、控制和报警系统。

 写一写

请观察实物，利用已有知识画出气敏传感器电路符号。

气敏传感器实物　　　　　　　　气敏传感器电路符号

（二）气敏传感器工作原理

声表面波器件之波速和频率会随外界环境的变化而发生漂移。气敏传感器就是利用这种性能在压电晶体表面涂覆一层选择性吸附某气体的气敏薄膜，当该气敏薄膜与待测气体相互作用（化学作用或生物作用，或是物理吸附）使得气敏薄膜的膜层质量和导电率发生变化时，引起压电晶体的声表面波频率发生漂移；气体浓度不同，膜层质量和导电率变化程度亦不同，即引起声表面波频率的变化也不同。通过测量声表面波频率的变化就可以准确地反映气体浓度的变化。

写一写

请利用已有知识，在下列图片中选择属于气敏传感器应用的图片。

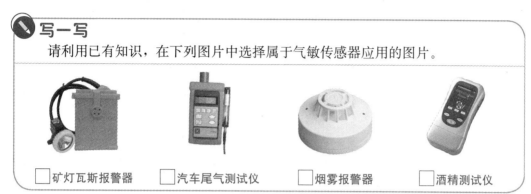

□ 矿灯瓦斯报警器　　□ 汽车尾气测试仪　　□ 烟雾报警器　　□ 酒精测试仪

（三）双运算放大器 LM358

LM358 内部包括有两个独立的、高增益、内部频率补偿的双运算放大器，适合于电源电压范围很宽的单电源情况，也适用于双电源工作模式，在推荐的工作条件下，电源电流与电源电压无关。它的使用范围包括传感放大器、直流增益模块和其他所有可用单电源供电的使用运算放大器的场合。

表 3—1　　　　　　　　　　双运算放大器（LM358）引脚说明

LM358 引脚图	引脚序号	引脚功能说明
输出1 $\boxed{1}$　　　　　$\boxed{8}$ V_{cc} ?输入1(−) $\boxed{2}$　　　　$\boxed{7}$ 输出2 ?输入1(+) $\boxed{3}$　　　　$\boxed{6}$?输入2(−) V_{cc} $\boxed{4}$　　　　$\boxed{5}$?输入2(+)	1 脚	输出端 1
	2 脚	反相输入端 1
	3 脚	同相输入端 1
	4 脚	V_{ee} 接地端
	5 脚	同相输入端 2
	6 脚	反相输入端 2
	7 脚	输出端 2
	8 脚	V_{cc} 电源端

（四）烟雾检测电路的工作原理

如图 3—6 所示，QM-N5 型气敏管 A 与 B 之间的电阻值在无烟环境下为几十千欧，在有烟雾环境下电阻值会下降到几千欧，当气敏传感器未检测到烟雾时，其 B 端输出低电平，IC_1 组成的比较器输出低电平，从而使 VT_1 截止，电路不会报警。

当气敏传感器检测到烟雾时，其 A 与 B 之间的电阻值会迅速下降，B 端输出电压经过 RP_1 分压到 IC_1 的 "3" 脚，使到 "3" 脚的电压大于 "2" 脚的电压，"1" 脚输出高电平，从而使 VT$_1$ 导通，输出低电平，就会触发扬声器或者电铃发出声音，以告知烟雾超出了设定值。

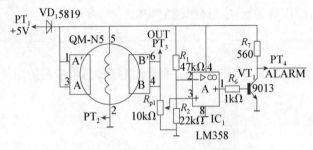

图 3—6　典型烟雾检测电路原理图

本项目中烟雾检测电路部分主要由气敏传感器 QM-J3 和 IC$_2$（LM358 电压比较器）组成，如图 3—7 所示。电源 V$_{CC}$ 供电后，QM-J3 型气敏传感器 A 与 B 之间的电阻值在无烟和有烟时不同。烟雾传感器在无烟环境，为几十千欧。当气敏传感器未检测到烟雾时，其 B 端输出低电平，LM358 输出低电平，从而使非门 IC$_{3a}$ 输出高电平。而在烟雾环境中，当气敏传感器检测到烟雾时，阻值可迅速下降到几千欧。故当传感器检测到烟雾时，A、B 间的电阻迅速减小，IC$_{2a}$ 翻转，OUT$_1$ 输出低电平。发光二极管 LED$_1$ 亮，输出报警信号。

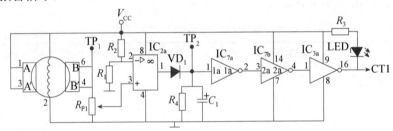

图 3—7　烟雾检测电路原理图

三、触摸检测电路

（一）触摸电路

触摸式开关电路的基本原理是：利用人体的导电性质，通过金属片把人体感应电压输入电子电路中，再经过放大元件放大，而作用于电路。常见的放大元件有集成运放、三极管、场效应管等，常见的电路如图 3—8 所示。

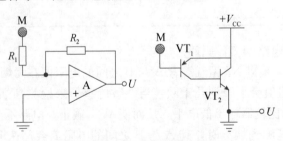

图 3—8　触摸电路

M 为金属感应片，如图 3—9 所示。图 3—8（a）中放大元件为集成运放，属于反相放大器。当用手指接触 M 时，电流从金属片流向人体，反相放大器负输入端输入负电压，经过放大输出 U。其放大系数为：$B=R_2/R_1$。图 3—8（b）中放大器元件为两个复合三极管。三极管通过复合可有效提高放大电流。当用手触摸 M 时，人体感应电动势从 M 输入，VT 的基极得到触发电流，三极管导通，通过放大输出 U。

图 3—9　金属感应片

值得注意的是，必须让手指直接触摸金属片才能使电路工作。放大电路可放大倍数越大，电路灵敏度就越高。触摸式开关被广泛应用到各种开关场合中，如常见的电灯中。其有着无机械噪声，无机械磨损的优点。

（二）NE555 定时器

NE555 定时器引脚功能说明，见表 3—2。

表 3—2　　　　　　　　　　　　　　NE555 引脚说明

NE555 引脚图	引脚序号	引脚名称	引脚功能说明
	1 脚	GND 接地	通常被连接到电路共同接地
	2 脚	Trigger 触发	触发 NE555 使其启动它的时间周期。触发信号上缘电压须大于 2/3 V_{CC}，下缘须低于 1/3 V_{CC}
	3 脚	Output 输出	当时间周期开始，555 的输出脚位，移至比电源电压少 1.7V 的高电位。周期结束，输出回到 0V 左右的低电位。高电位时的最大输出电流大约 200mA
	4 脚	Reset 复位	一个低逻辑电位送至这个脚位时会重置定时器和使输出回到一个低电位。它通常被接到正电源或忽略不用
	5 脚	Control Voltage 控制电压	接脚准许由外部电压改变触发和闸限电压。当计时器经营在稳定或振荡的运作方式下时，这个输入能用来改变或调整输出频率
	6 脚	Threshold 重置锁定	重置锁定并使输出呈低态。当这个接脚的电压从 1/3V_{CC} 电压以下移至 2/3V_{CC} 以上时启动这个动作
	7 脚	Discharge 放电	接脚和主要的输出接脚有相同的电流输出能力，当输出为 ON 时为 LOW，对地为低阻抗，当输出为 OFF 时为 HIGH，对地为高阻抗
	8 脚	V_{CC} 电源	电源电压端。供应电压的范围是 4.5~16V

如图 3—10 所示，延迟开关电路中 NE555 集成块接成单稳态触发器，平时处于复位状态，继电器 K 不动作。当 M 受到触摸时，电路被触发进入暂态，第 3 脚输出高电平，继电器 K 吸合，被控电器工作。暂态时间 $T=1.1×R_2×C_4$，暂态时间结束，电路翻转成稳态，继电器 K 释放，被控电器停止工作。

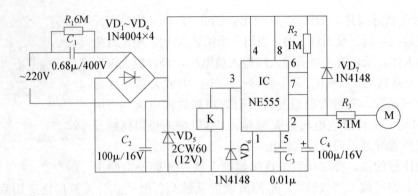

图 3—10 延时开关电路

综合报警器触摸检测电路，如图 3—11 所示。集成电路 IC_1 是一片 NE555 定时电路，在这里接成的也是单稳态电路。平时由于触摸片端无感应电压，第 3 脚输出为低电平。当用手触碰到金属片时，人体感应的杂波信号电压由 R_{10} 加至 NE555 的触发端，使 NE555 的输出由低电平变成高电平，发光二极管 LED_5 点亮，输出报警信号。同时，NE555 的第 7 脚内部截止，电源便通过 R_{11} 给 C_5 充电，这就是定时的开始。当电容 C_5 上电

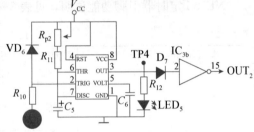

图 3—11 触摸检测电路原理图

压上升至电源电压的 2/3 时，NE555 的第 7 脚道通使 C_5 放电，使第 3 脚输出由高电平变回到低电平，定时结束。定时长短由 R_{P2}、R_{11}、C_5 决定：$T = 1.1 \times (R_{11} + R_{P2}) \times C_5$。其中 VD_6 可选用 1N4148 或 1N4001。

四、红外检测电路

(一) 红外线发光二极管

红外线发光二极管由红外辐射效率高的材料（常用砷化镓 GaAs）制成 PN 结，外加正向偏压向 PN 结注入电流激发红外光。其最大的优点是可以完全无红暴（采用 940～950nm 波长红外管）或仅有微弱红暴（红暴为有可见红光）和寿命长。

> ✏️ **写一写**
>
> 请观察红外线发光二极管实物图，查阅资料画出对应的电路符号。
>
> 实物图   电路符号

1. 红外发光二极管的极性

判别红外发光二极管的正、负电极时。可观察红外发光二极管两个引脚的长短，

通常长引脚为正极，短引脚为负极。因红外发光二极管呈透明状，所以管壳内的电极清晰可见，内部电极较宽较大的一个为负极，而较窄且小的一个为正极。

写一写

请观察红外线发光二极管实物图，在引脚上标出红外发光二极管的正负极。

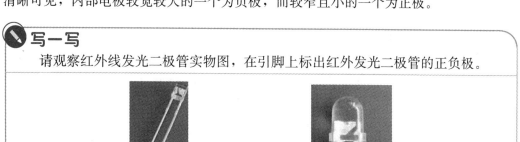

2. 红外线发光二极管的应用

红外线发光二极管适用于各类光电检测器的信号光源、光电转换的自动控制仪器、传感器等。

(二) CD4069 引脚功能说明

六反相器 CD4069 引脚功能说明见表 3—3。

表 3—3　　　　　　　　　　　反相器（CD4069）引脚说明

CD4069 引脚图	引脚功能说明	引脚序号
	输入端	1、3、5、9、11、13 脚
	输出端	2、4、6、8、10、12 脚
	V_{SS} 接地端	7 脚
	V_{CC} 电源端	14 脚

(三) 反相器组成的 RC 振荡电路

在 t_1 时刻，u_o 由 0 变为 1，由于电容电压不能跃变，故 u_{i1} 必定跟随 u_o 发生正跳变，于是 u_{i2}（u_{o1}）由 1 变为 0。这个低电平保持 u_o 为 1，以维持已进入的这个暂稳态。在这个暂稳态期间，电容 C 通过电阻 R 放电，使 u_{i1} 逐渐下降。在 t_2 时刻，u_{i1} 上升到门电路的开启电压 U_T，使 u_{o1}（u_{i2}）由 0 变为 1，u_o 由 1 变为 0。同样由于电容电压不能跃变，故 u_{i1} 跟随 u_o 发生负跳变，于是 u_{i2}（u_{o1}）由 0 变为 1。这个高电平保持 u_o 为 0。至此，第一个暂稳态结束，电路进入第二个暂稳态。

在 t_2 时刻，u_{o1} 变为高电平，这个高电平通过电阻 R 对电容 C 充电。随着放电的进行，u_{i1} 逐渐上升。在 t_3 时刻，u_{i1} 上升到 U_T，使 u_o（u_{i1}）又由 0 变为 1，第二个暂稳态结束，电路返回到第一个暂稳态，又开始重复前面的过程。

若 $U_T = 0.5V_{DD}$，振荡周期为：$T \approx 1.4RC$

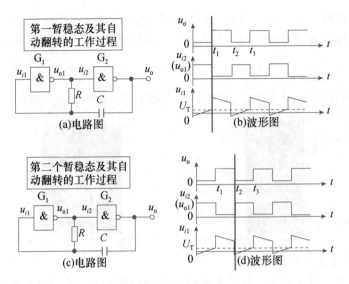

图 3—12　振荡电路

(四) 红外检测信号发射电路

红外检测信号发射电路如图 3—13 所示，主要检测信号发射器件为红外线发光二极管 HW_1，由反相器 IC_{6a}、IC_{6b}、R_{26}、R_{27} 和电容 C_{11} 组成 RC 振荡电路，输出固定周期的矩形波信号。信号通过三极管 VT_5 控制红外线发光二极管 HW_1 定期发射红外线信号用于检测是否有物体靠近综合报警器。

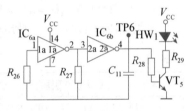

图 3—13　红外检测信号发射电路原理图

(五) 红外线接收管

红外接收二极管又叫红外光电二极管，也可称红外光敏二极管。它广泛用于各种家用电器的遥控接收器中，如音响、彩色电视机、空调器、VCD 视盘机、DVD 视盘机以及录像机等。红外接收二极管能很好地接收红外发光二极管发射的波长为 940nm 的红外光信号，而对于其他波长的光线则不能接收。

> ✎ **写一写**
>
> 请观察红外线接收管实物图，查阅资料画出对应的电路符号。
>
>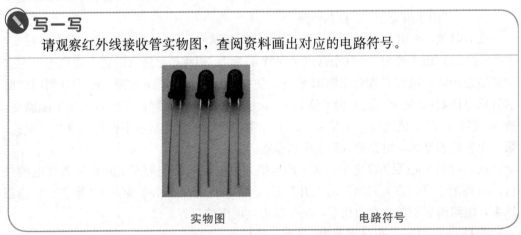
>
> 　　　　实物图　　　　　　　　　　　　电路符号

红外接收二极管的外形和发射管基本上一样，若从外观上识别，常见的红外接收二极管外观颜色呈黑色。识别引脚时，面对受光窗口，从左至右，分别为正极和负极。另外，在红外接收二极管的管体顶端有一个小斜切平面，通常带有此斜切平面一端的引脚为负极，另一端为正极。亦可用万用表来测量。

红外接收电路通常由红外接收二极管与放大电路组成，放大电路通常又由一个集成块及若干电阻电容等元件组成，并且需要封装在一个金属屏蔽盒里，虽然电路比较复杂，体积却很小，还不及一个普通小功率三极管体积大，如图 3—14 所示。

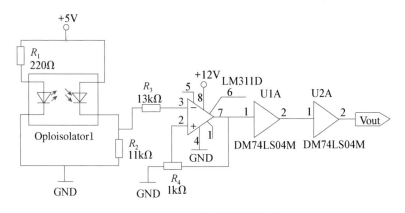

图 3—14　红外对管检测电路

（六）红外检测信号接收电路

红外检测信号接收电路如图 3—15 所示，主要检测信号发射器件为红外线接收管 HW_2，当红外检测信号发射电路发射出的检测信号被物体遮挡时，会在遮挡物体表面形成发射，发射后的红外线信号被接收管 HW_2 接收。信号通过三极管 VT_6、VT_7 被逐级放大，在经过 IC_{6c} 至 IC_{6f} 对波形信号进行整形后，最终由 IC_{3d} 驱动输出。当不明物体进入综合报警器报警范围时，红外检测信号接收电路从 OUT_4 输出报警信号。

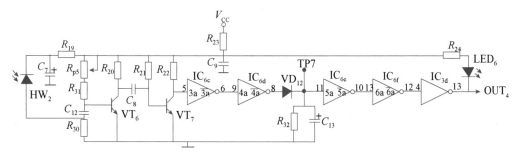

图 3—15　红外检测信号接收电路原理图

五、声音检测电路

（一）驻极体话筒

驻极体话筒具有体积小、结构简单、电声性能好、价格低的特点，广泛用于盒式录音机、无线话筒及声控等电路中。属于最常用的电容话筒。由于输入和输出阻抗很高，所以要在这种话筒外壳内设置一个场效应管作为阻抗转换器，为此驻极体电容式话筒在工作时需要直流工作电压。

写一写

根据已有知识，请画出驻极体话筒的电路图形符号。

驻极体话筒实物图　　　　　　　　驻极体话筒电路符号

常见的驻极体电容式话筒在结构上有三种形式，分别是直插式、焊脚式和引线式。

 写一写

请根据驻极体话筒的结构形式，把以下内容填写完整。

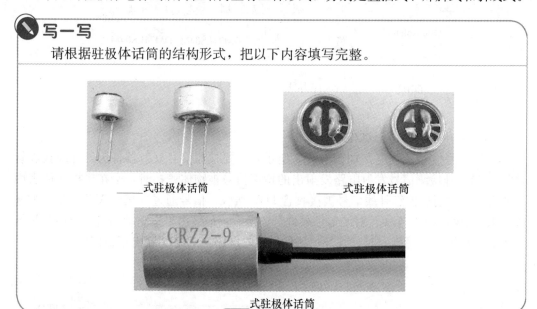

_____式驻极体话筒　　　　　　　　_____式驻极体话筒

_____式驻极体话筒

(二) 驻极体话筒接入电路的方法

驻极体电容式传声器的输出端有两端式和三端式之分。两端式的两个端子分别为外壳的接地端和漏极 D 端（或源极 S 端）。而三端式的三个端子分别为外壳的接地端、漏极 D 端和源极 S 端，如图 3—16 所示。

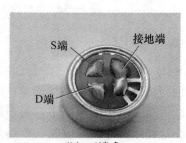

(a) 两端式　　　　　　　　　(b) 三端式

图 3—16　常见驻极体电容式话筒接线图

　　驻极体话筒在接入电路时，共有四种不同的接线方式，其具体电路如图 3—17 所示。图中的 R 既是话筒内部场效应管的外接负载电阻，也是话筒的直流偏置电阻，它对话筒的工作状态和性能有较大影响。C 为话筒输出信号耦合电容器。图 3—17(a) 和图 3—17(b) 所示为两端式话筒的接线方法，图 3—17(c) 和图 3(d) 所示为三端式驻极体话筒的接线方法。目前市售驻极体话筒大多是两端式，几乎全部采用图 3—17(a) 所示的连接方法。这种接法是将场效应管接成漏极 D 输出电路，类似于晶体三极管的共发射极放大电路，其特点是输出信号具有一定的电压增益，使得话筒的灵敏度比较高，但动态范围相对要小些。三端式话筒目前市场上比较少见，使用时多接成图 3—17(c) 所示的源极 S 输出方式，这类似于晶体三极管的射极输出电路，其特点是输出阻抗小（一般≤2kΩ），电路比较稳定，动态范围大，但输出信号相对要小些。当然，也可将三端式话筒接成图 3—17(a) 或图 3—17(b) 所示的电路，直接作为两端式话筒来使用。但要注意，无论采用何种接法，驻极体话筒必须满足一定的直流偏置条件才能正常工作，这实际上就是为了保证内置场效应管始终处于良好的放大状态。

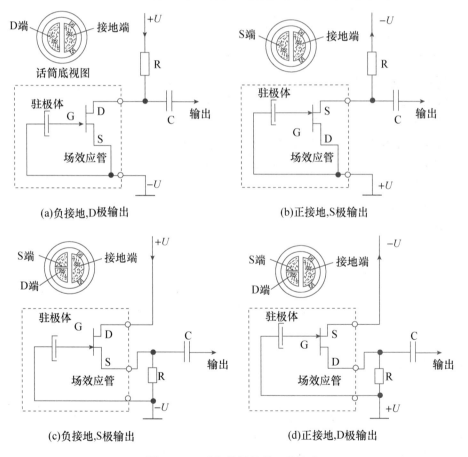

图 3—17　驻极体话筒的四种接法

（三）ULN2003 达林顿晶体管阵列

　　ULN2003 是一个单片高电压、大电流的达林顿晶体管阵列集成电路。它是由 7 对

NPN 达林顿管组成的，它的高电压输出特性和阴极箝位二极管可以转换感应负载。单个达林顿管的集电极电流是 500mA。达林顿管并联可以承受更大的电流。此电路主要应用于继电器驱动器、LED 显示驱动器、线路驱动器和逻辑缓冲器。它的每一对达林顿管都串联一个 2.7k 的基极电阻，在 5V 的工作电压下它能与 TTL 和 CMOS 电路直接相连，可以直接处理原先需要标准逻辑缓冲器来处理的数据。ULN2003 引脚功能见表 3—4。

表 3—4　　　　　　　　　　　　　　ULN2003 引脚说明

ULN2003 引脚图	引脚功能说明	引脚序号
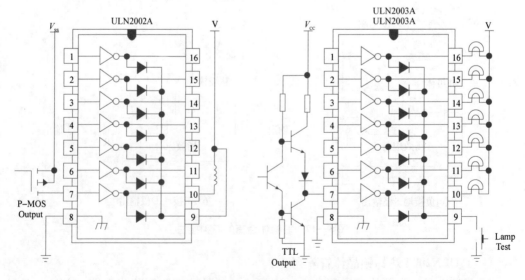	输入端	1～7 脚
	输出端	10～16 脚
	GND 接地端	8 脚
	COM 接电源或悬空	9 脚

ULN2003 采用 DIP-16 或 SOP-16 塑料封装，如图 3—18 所示。ULN2003 内部采用集电极开路输出，输出电流大，还集成了一个续流二极管，故可直接驱动继电器或固体继电器，也可直接驱动低压灯泡。通常单片机驱动 ULN2003 时，上拉 2kΩ 的电阻较为合适，同时，COM 引脚应该悬空或接电源。

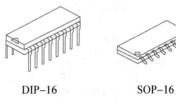

DIP-16　　　　　　SOP-16

图 3—18　ULN2003 封装形式

ULN2003 是一个非门电路，包含 7 个单元，单独每个单元驱动电流最大可达 350mA，9 脚可以悬空，如图 3—19 所示。

图 3—19　ULN2003 应用电路

（四）声音处理电路

电路由驻极体电容式传声器 MIC、放大管 VT_1 和 VT_2 等组成。当对传声器 MIC 发出声音时，传声器的输出内阻降低，这等于给 VT_1 基极加一个负脉冲，使 VT_1 集电极输出一个正脉冲，即加载到 VT_2 的基极使之输出一个负脉冲信号。

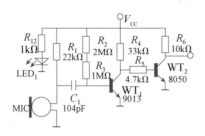

图 3—20　声音处理电路原理图

（五）声音检测电路的工作原理

声音检测电路工作时，无声音或声音较小时，TP_5 为低电平。当有较大声音或振动时，TP_5 为高电平，LED_4 点亮。适当调节 R_{p3}，使其灵敏度适中。报警音乐不能使声音电路感应，否则，声音反馈回来会使得一直报警。电路由驻极体电容式传声器 B_1、三极管 VT_4 和整形放大反相器 IC_7 组成。采用如图 3—17（a）所示驻极体话筒的负接地，D 极输出接法。当对着驻极体电容式传声器 B_1 出声时，三极管 VT_4 对声音信号进行放大，IC_{7c} 至 IC_{7f} 对信号进行整形，反相器 IC_{3c} 驱动放大输出低电平，发光二极管 LED_4 点亮，输出报警信号。

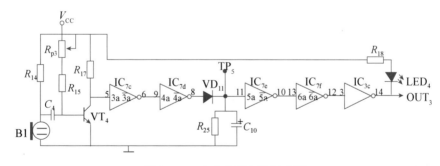

图 3—21　声音检测电路原理图

六、音乐报警电路

（一）驱动蜂鸣器

蜂鸣器（Buzzer）是一种一体化结构的电子讯响器，可以说就是一个小喇叭，采用直流电压供电。广泛应用于计算机、打印机、报警器、电子玩具、电话机、定时器等电子产品中作发声器件。

写一写

请画出蜂鸣器电路符号，并简述蜂鸣器的分类及特点。

蜂鸣器实物图   蜂鸣器电路符号

简述分类及特点：

_____

_____

_____

单片机驱动蜂鸣器的信号为各种频率的脉冲。因此简单的蜂鸣器驱动方式常利用达林顿晶体管、功率放大管或以两只普通小功率晶体管连接成达林顿结构完成。

写一写

请认真分析并简述以下两种电路特点。

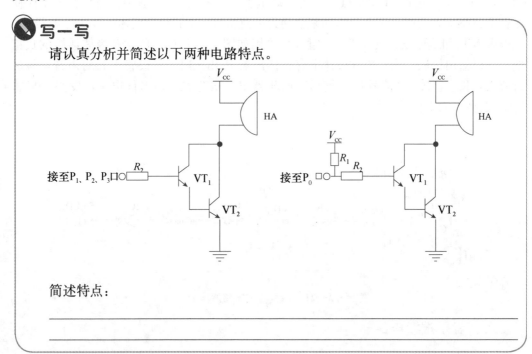

简述特点：

_____

_____

（二）TQ9561 音乐芯片

9561 系列音乐芯片种类繁多，包括 KD9561、CK9561、TQ9561、CW9561、CL9561、LX9561 等。各种音乐芯片功能大同小异都能够发出至少四种模拟报警声。9561 音乐芯片典型电路如图 3—22 所示。

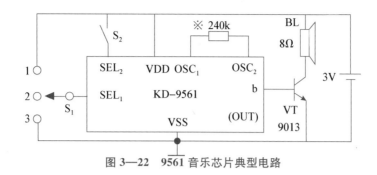

图 3—22　9561 音乐芯片典型电路

9561 系列音乐芯片由于种类繁多，封装形式也是多种多样的，主要有以下三种形式，如图 3—23 所示。

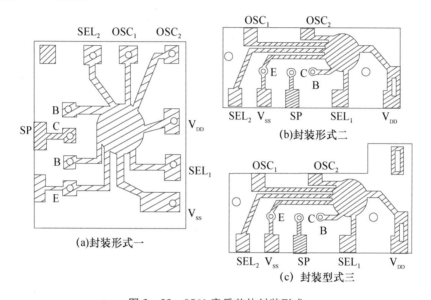

图 3—23　9561 音乐芯片封装形式

本项目中使用的音乐芯片为 TQ9561，该音乐芯片各引脚功能说明见表 3—5。

表 3—5　　　　　　　　　　音乐芯片（TQ9561）引脚说明

TQ9561 引脚图	引脚功能说明	引脚序号
	音乐选择端	S_2（1 脚）
	接地端	V_{SS}（2 脚）
	悬空	NC（3、5、6 脚）
	接三极管的基极	B（4 脚）
	音乐选择端	S_1（7 脚）
	接电源＋	V_{CC}（8 脚）
	接振荡电阻	OSC_1、OSC_2（9、10 脚）

TQ9561 芯片还能够根据不同电路接法，实现警车声、火警声、救护车声和机枪声

四种模拟报警声，音乐选择关系如图 3—24 所示。

S₁	S₂	声效
没接	没接	警车声
V_DD	没接	火警声
V_SS	没接	救护车声
没接	V_DD	机枪声

图 3—24　音乐选择关系

（三）音乐报警电路的工作原理

本项目中的音乐报警电路，如图 3—25 所示。电路主要由蜂鸣器 LS₁、音乐芯片 TQ9561 和三极管 VT₃组成。电路实时接收来自 OUT₁～OUT₄任一路的低电平输入信号。输入信号控制三极管 VT₁、VT₂导通，使音乐芯片 TQ9561 得电，音乐芯片得电后发出报警音乐。触发报警信号后调节 R_P4，使得报警音乐速度正常。

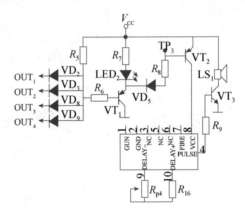

图 3—25　音乐报警电路原理图

项目计划

根据上述知识与技术信息，在下表中列出安装与调试综合报警器的工作计划。

序号	工作步骤	工具/辅具	注意事项

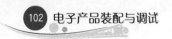 **项目实施**

一、职业与安全意识

在完成工作任务的过程中，操作符合安全操作规程。使用仪器仪表、工具操作时安全、规范。注意工具摆放，包装物品、导线线头等的处理，符合职业岗位的要求。遵守实习实训纪律，尊重实习指导教师，爱惜实习实训设备和器材，保持工位的整洁。应尽量避免因操作不当或违反操作规程，造成设备损坏或影响其他同学的正常工作。杜绝浪费材料、污染实习实训环境、遗忘工具在工作现场等不符合职业规范的行为。

二、元器件选择

要求：根据给出的综合报警器电路原理图（见图3—2）和元器件表（见表3—6），在印制电路板焊接和产品安装过程中，正确无误地从提供的元器件中选取所需的元器件及功能部件。安装材料清单列表见表3—6。

表3—6　　　　　　　　　　　　　综合报警器元器件列表

序号	标称	名称	型号/规格	参考价格（元）	图形符号	外观	检验结果
1	R_1	电阻器	22kΩ	0.03			
2	R_2	电阻器※	47kΩ	0.02			
3	R_3	电阻器※	2.2kΩ	0.02			
4	R_4	电阻器※	220kΩ	0.02			
5	R_5	电阻器※	4.7kΩ	0.02			
6	R_6	电阻器※	1kΩ	0.02			
7	R_7	电阻器※	2.2kΩ	0.02			
8	R_8	电阻器※	1kΩ	0.02			
9	R_9	电阻器	75Ω	0.03			
10	R_{10}	电阻器	2.2mΩ	0.03			
11	R_{11}	电阻器	20kΩ	0.03			
12	R_{12}	电阻器※	2.2kΩ	0.02			
13	R_{13}	电阻器※	2.2kΩ	0.02			
14	R_{14}	电阻器	10kΩ	0.03			
15	R_{15}	电阻器	100kΩ	0.03			
16	R_{16}	电阻器	100kΩ	0.03			
17	R_{17}	电阻器	33kΩ	0.03			

续前表

序号	标称	名称	型号/规格	参考价格（元）	图形符号	外观	检验结果
18	R_{18}	电阻器※	2.2kΩ	0.02			
19	R_{19}	电阻器※	1kΩ	0.02			
20	R_{20}	电阻器	4.7kΩ	0.03			
21	R_{21}	电阻器	1MΩ	0.03			
22	R_{22}	电阻器	4.7kΩ	0.03			
23	R_{23}	电阻器	100Ω	0.03			
24	R_{24}	电阻器※	2.2kΩ	0.02			
25	R_{25}	电阻器※	220kΩ	0.02			
26	R_{26}	电阻器	10kΩ	0.03			
27	R_{27}	电阻器※	47kΩ	0.02			
28	R_{28}	电阻器	5.1kΩ	0.03			
29	R_{29}	电阻器	200kΩ	0.03			
30	R_{30}	电阻器※	47kΩ	0.02			
31	R_{31}	电阻器	470kΩ	0.03			
32	R_{32}	电阻器※	220kΩ	0.02			
33	C_1	电容器	10μF/25V	0.08			
34	C_2	电容器	104	0.05			
35	C_3	电容器	100μF/25V	2.00			
36	C_4	电容器	104	0.05			

续前表

序号	标称	名称	型号/规格	参考价格（元）	图形符号	外观	检验结果
37	C_5	电容器	$10\mu F/25V$	0.08			
38	C_6	电容器	103	0.05			
39	C_7	电容器	$10\mu F/25V$	0.08			
40	C_8	电容器※	102	0.05			
41	C_9	电容器※	102	0.05			
42	C_{10}	电容器	$10\mu F/25V$	0.08			
43	C_{11}	电容器※	102	0.05			
44	C_{12}	电容器※	102	0.05			
45	C_{13}	电容器	$10\mu F/25V$	0.08			
46	VD_1	二极管	4148	0.05			
47	VD_2	二极管	4148	0.05			
48	VD_3	二极管	4148	0.05			
49	VD_5	二极管	4148	0.05			
50	VD_6	二极管	4148	0.05			
51	VD_7	二极管	4148	0.05			
52	VD_8	二极管	4148	0.05			
53	VD_9	二极管	4148	0.05			
54	VD_{10}	二极管※	5819	0.20			
55	VD_{11}	二极管	4148	0.05			
56	VD_{12}	二极管	4148	0.05			
57	VT_1	三极管※	8550	0.10			
58	VT_2	三极管※	8550	0.10			

续前表

序号	标称	名称	型号/规格	参考价格（元）	图形符号	外观	检验结果
59	VT₃	三极管	8050	0.08			
60	VT₄	三极管	8050	0.08			
61	VT₅	三极管	8050	0.08			
62	VT₆	三极管	8050	0.08			
63	VT₇	三极管	8050	0.08			
64	LED₁	发光二极管※	蓝色	0.20			
65	LED₂	发光二极管※	黄色	0.20			
66	LED₃	发光二极管※	红色	0.20			
67	LED₄	发光二极管※	蓝色	0.20			
68	LED₅	发光二极管※	蓝色	0.20			
69	LED₆	发光二极管※	蓝色	0.20			
70	RP₁	电位器 3362	100kΩ	1.50			
71	RP₂	电位器 3362	200kΩ	1.50			
72	RP₃	电位器 3362	1MΩ	1.50			
73	RP₄	电位器 3362	200kΩ	1.50			
74	RP₅	电位器 3362	1mΩ	1.50			
75	IC₁	烟雾传感器	QM-J3	5.00			
76	IC₂	集成	LM358	1.20			
77	IC₃	集成※	2003	1.20			
78	IC₄	集成※	555	1.50			
79	IC₅	音乐芯片	TQ9561	5.00			

续前表

序号	标称	名称	型号/规格	参考价格（元）	图形符号	外观	检验结果
80	IC$_6$	集成	4069	1.20			
81	IC$_7$	集成	4069	1.20			
82	LS$_1$	无源蜂鸣器	5V	1.00			
83	J$_1$	接线端子2T	3.96	0.60			
84	B$_1$	驻极体话筒		1.00			
85	HW$_1$	红外发射T	ϕ5mm	0.80			
86	HW$_2$	红外接收R	ϕ5mm	0.80			
87	TP$_1$	测试杆		0.10			
88	TP$_2$	测试杆		0.10			
89	TP$_3$	测试杆		0.10			
90	TP$_4$	测试杆		0.10			
91	TP$_5$	测试杆		0.10			
92	TP$_6$	测试杆		0.10			
93	TP$_7$	测试杆		0.10			

元器件选择可按以下四种情况进行评价，见表3—7。

表3—7　　　　　　　　　　　　　　元器件选择评价标准

评价等级	评价标准
A级	根据元器件列表，元器件选择全部正确，电子产品功能全部实现，综合报警器工作正常
B级	根据元器件列表，电路主要元器件选择正确，在印制电路板上完成焊接，但电路只实现部分功能
C级	根据元器件列表，电路主要元器件选择错误，在印制电路板上完成焊接，但电路未能实现任何一种功能
D级	无法根据元器件列表按照要求选择所需元器件，在规定时间内未能在电路板上焊接上全部元器件

三、产品焊接

根据给出的综合报警器电路原理图（见图 3—2），将选择的元器件准确地焊接在产品的印制电路板上。

要求：在印制电路板上所焊接的元器件的焊点大小适中、光滑、圆润、干净，无毛刺；无漏、假、虚、连焊，引脚加工尺寸及成形符合工艺要求；导线长度、剥线头长度符合工艺要求，芯线完好，捻线头镀锡。其中包括：

（一）贴片焊接

贴片焊接工艺按下面标准分级评价，见表 3—8。

表 3—8　　　　　　　　　　　　　贴片焊接工艺评价标准

评价等级	评价标准
A 级	所焊接的元器件的焊点适中，无漏、假、虚、连焊，焊点光滑、圆润、干净，无毛刺，焊点基本一致，没有歪焊
B 级	所焊接的元器件的焊点适中，无漏、假、虚、连焊，但个别（1～2 个）元器件有下面现象：有毛刺，不光亮，或出现歪焊
C 级	3～5 个元器件有漏、假、虚、连焊，或有毛刺，不光亮，歪焊
D 级	有严重（超过 6 个元器件以上）漏、假、虚、连焊，或有毛刺，不光亮，歪焊
E 级	完全没有贴片焊接

（二）非贴片焊接

非贴片焊接工艺按下面标准分级评价，见表 3—9。

表 3—9　　　　　　　　　　　　　非贴片焊接工艺评价标准

评价等级	评价标准
A 级	所焊接的元器件的焊点适中，无漏、假、虚、连焊，焊点光滑、圆润、干净，无毛刺，焊点基本一致，引脚加工尺寸及成形符合工艺要求；导线长度、剥线头长度符合工艺要求，芯线完好，捻线头镀锡
B 级	所焊接的元器件的焊点适中，无漏、假、虚、连焊，但个别（1～2 个）元器件有下面现象：有毛刺，不光亮，或导线长度、剥线头长度不符合工艺要求，捻线头无镀锡
C 级	3～6 个元器件有漏、假、虚、连焊，或有毛刺，不光亮，或导线长度、剥线头长度不符合工艺要求，捻线头无镀锡
D 级	超过 7 个元器件以上有漏、假、虚、连焊，或有毛刺，不光亮，导线长度、剥线头长度不符合工艺要求，捻线头无镀锡
E 级	超过 1/5 的元器件（15 个以上）没有焊接在电路板上

四、产品装配

根据给出的综合报警器电路原理图（见图 3—2），把选取的电子元器件及功能部件正确地装配在产品的印制电路板上。

要求：元器件焊接安装无错漏，元器件、导线安装及元器件上字符标识方向均应符合工艺要求；电路板上插件位置正确，接插件、紧固件安装可靠牢固；线路板和元器件无烫伤和划伤处，整机清洁无污物。

电子产品电路装配可按下面标准分级评价，见表3—10。

表3—10　　　　　　　　　　　　　　电子产品电路装配评价标准

评价等级	评价标准
A级	焊接安装无错漏，电路板插件位置正确，元器件极性正确，接插件、紧固件安装可靠牢固，电路板安装对位；整机清洁无污物
B级	元器件均已焊接在电路板上，但出现错误的焊接安装（1～2个元器件）；或缺少1～2个元器件或插件；或1～2个插件位置不正确或元器件极性不正确；或元器件、导线安装及字标方向未符合工艺要求；或1～2处出现烫伤和划伤，有污物
C级	缺少3～5个元器件或插件；3～5个插件位置不正确或元器件极性不正确；或元器件、导线安装及字标方向未符合工艺要求；3～5处出现烫伤和划伤，有污物
D级	缺少6个以上元器件或插件；6个以上插件位置不正确或元器件极性不正确、元器件导线安装及字标方向不符合工艺要求；6处以上出现烫伤和划伤，有污物

五、产品调试与检测

要求：将已经焊接好的综合报警器电路板，进行电路检测与调试，并把检测的结果填在题目的空格中，实现电路工作正常。综合报警器电路功能参见综合报警器项目要求。

（一）调整

（1）连接好5V电源。

（2）烟雾检测电路调节：调节 R_{P1}，使无烟雾，或者烟雾浓度较低的情况下 TP_2 输出为低电平，LED_1 不亮。烟雾浓度较高时，TP_2 输出为高电平，LED_1 点亮。

（3）触摸检测电路调节：调节 R_{P2}，使得用手指触摸 TOUCH 区域，TP_4 输出高电平的时间为 2～3s。

（4）声音检测电路调节：调节 R_{P3}，使得声音检测灵敏度适中，有较大声音时 TP_5 为高电平，无声音或较小声音时为低电平。

（5）红外检测电路调节：先示波器测得 TP_6 产生振荡信号。用物体挡在发射管和接收管的前面，调节 R_{P5}，使得 TP_7 为高，并且检测到手的距离最远。

（6）音乐报警电路调节：触发报警信号后调节 R_{P4}，使得报警音乐速度正常。

（二）调试

（1）当手指触摸 TOUCH 后 LED_1 点亮，此时测得 TP_4 的电平为_____（填"高"或"低"）。

（2）当烟雾传感器周围烟雾浓度增大时，其 A-B 间阻值减小。则要使烟雾浓度更大时才报警，则 R_{P1} 应_____（填"上调"或"下调"）。

（3）要使声音检测电路检测声音信号更灵敏，R_{P3} 接入的电阻应_____（填"调大"或"调小"）。

（4）正常工作时，当有物体挡在红外发射、红外接收管前时，LED_6 亮，当物体移开后，LED_6亮2～3秒熄灭。如果有个线路板焊接好后，发现红外感应触发后将物体移开，LED_6亮的时间为二十几秒，则可能是哪个元件焊错了？_____（元件在R_{21}、R_{22}、VT_7、IC_6、VD_{12}、R_{32}、IC_3、R_{24}、LED_6中选择）

（三）测量

在正确完成电路的安装与调试后，使用给出的仪器，对相关电路进行测量，并把测量结果填在相关的表格中。

（1）电路在正常工作时，测量测试点 TP_6。

波形	周期	幅度
	$T=$_____ ms	$V_{P-P}=$_____ V

六、绘制电路原理图及板图

使用 Protel DXP 2004 软件，绘制电路原理图和 PCB 板图。

（一）绘制电路原理图

使用 Protel DXP 2004 软件如图 3－26 所示，绘制电路原理图。要求各集成块管脚位置及属性按图中所示设置，并参照图 3－27 对各元件 footprint 属性项进行设置；生成原理图的网络表文件；并生成原理图的元件列表文件。

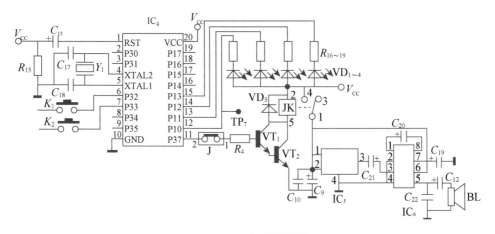

图 3—26 电路原理图

（二）绘制印制板图

使用 Protel DXP2004 软件，生成电路印制板图。

（1）生成图 3—26 的双面 PCB 图，双面板的尺寸规格和元件布局要求参见图 3—27。

（2）要求网络标号 V_{CC} 和 GND 按图 3—27 中所示布线，V_{CC} 和 GND 均在底层，线宽为 40mil。

（3）其他连线宽度为 12mil。用自动布线完成，并对布线进行手工优化调整。

（4）要求生成的 PCB 电路板物理尺寸小于 120mm×80mm。

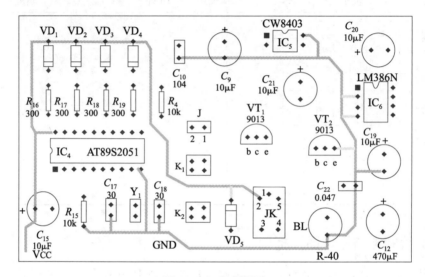

图 3—27　印制板图

（三）绘制原理图库元件

绘制如图 3—28 所示的原理图元件（设置：默认元件编号 U?，默认封装号为 DIP8），按如图 3—28 所示元件名称进行命名，并保存文件。

图 3—28　元件名称 NE555

 **项目展示**

一、演示

参加人员：学生组（2 人 1 组）的代表

演示时间：每组 5 分钟

演示内容：

（1）展示本组综合报警器实物效果。

（2）简要介绍项目的计划方案和实施方法。

（3）采用小组提问方式，对本项目中七部分电路：直流 9V 电源电路、直流 5V 电源开关控制电路、单片机最小系统、数码管显示电路、纸张检测电路、纸张数量设定电路和蜂鸣器报警电路相关内容进行考核。

二、要求

（1）简要介绍本项目操作过程中的得与失。

（2）讲述项目实施过程中的操作流程和注意事项。

项目检验

　　教师根据学生在实施环节中的表现，以及完成工作计划表的情况对每位学生进行点评。参考教师评价表如下。

学号		姓名		班级	
元器件选择 评价等级		产品焊接工 艺评价等级			
产品装配 评价等级		产品调试检 测评价等级			
安全文明 生产情况					
操作流程 的遵守情况					
仪器与工具 的使用情况					
计划表格 的完成情况					
总评语					

 **项目扩展**

PCB 印制电路板设计

【任务描述】

印制电路板（Printed Circuit Board）是电子设备的主要部件，用 Protel DXP 进行电路系统的设计的最终目的也是生成印制电路板。印制电路板起到了搭载电子元器件平台的作用，同时 PCB 还要为各种电子元器件提供相互的电气连接。随着电子设备复杂程度的提高，PCB 上元器件也越来越密集，连接元器件之间的电气线路也越来越密集。下面将向大家介绍 PCB 印制电路板的基本设计方法。

一、电路原理图设计

（一）新建【项目文件】

（1）启动 Protel Dxp 2004，执行菜单命令【文件】/【创建】/【项目】/【PCB 项目】，弹出"PCB 类型"窗口，默认 Protel Pcb 选项，系统自动赋予文件名 PCB_Project1. PrjPCB，项目面板显示如图 3—29 所示。

图 3—29　项目面板（新建）

（2）执行菜单命令【文件】/【保存项目】，在弹出的对话框中选择保存路径，并把项目名称更改为"Project3. PrjPCB"，默认保存类型，项目面板显示如图 3—30 所示。

图 3—30　项目面板（保存）

（二）新建【原理图文件】

（1）执行菜单命令【文件】/【创建】/【原理图】，系统在项目文件"Project3.PrjPCB"中新建一个原理图文件，此时项目面板中"Project3.PrjPCB"下面出现一个"Sheet1.SchDoc"文件，它是系统以默认名称创建的原理图文件，同时原理图编辑器启动，原理图文件名称作为标签显示在编辑窗口上方，如图 3—31 所示。

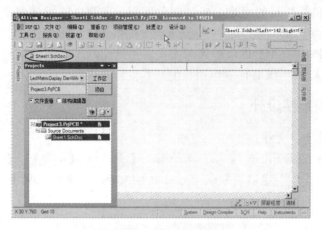

图 3—31　新建原理图文件

（2）执行菜单命令【文件】/【保存】，弹出保存文件对话框目录，保留文件名不变，单击"保存"按钮将原理图保存到默认路径。

（三）放置元件

本实例以项目 3 中用到的电源电路为基础，制作 PCB 板图，如图 3—32 所示。

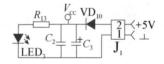

图 3—32　综合报警电源电路

为方便学习现把电路图中用到的所有元器件名称一一列出，见表 3—11。

表 3—11　　　　　　　　　　　　　　　元器件名称及类型

元件类型	所在库	元器件名称
2针管座	Miscellaneous Connectors．IntLib	Header 2H
二极管		Diode
电阻		Res2
发光二极管	Miscellaneous Devices．IntLib	LED_1
电容		Cap Semi
电解电容		Cap Pol2

（1）放置元器件。表 3—11 列出了常用元件的名称和它们所在的库。如图 3—33 所示，单击元器件列表中的任意元件，用键盘输入某个元器件名称的第一个字母，比如，电阻按【R】，电容按【C】，配合键盘的【↑】【↓】进行翻查，便可以找到所需的元器件。

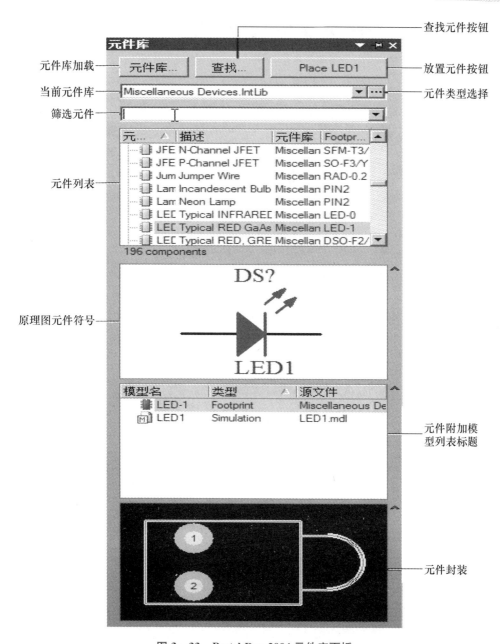

图 3—33   Protel Dxp 2004 元件库面板

（2）对于目前库中没有的元件，搜索方法如下：单击图 3—33 窗口上边沿的 查找 按钮，系统弹出搜索窗口，在窗口空白处输入元器件名称，如"Header"，如图 3—34 所示。

（3）用鼠标左键点选图 3—34 中的【路径中的库】，观察右侧【路径】里的库文件是否正确——Protel Dxp 2004 系统库文件的路径（Protel Dxp 2004 数据包在计算机中存储的位置），如果不正确需要更改为 Protel Dxp 2004 数据包所在的位置，一般情况下为"C：\ PROGRAM FILES \ ALTIUM2004 \ Library \ "。

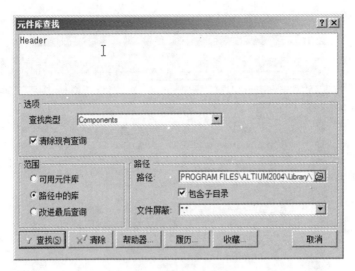

图 3—34　元器件搜索窗口

（4）单击搜索窗口下边沿的 √ 查找(S) 按钮，计算机将顺序扫描系统中所有的库文件，搜索到的元器件出现在元器件列表中，满足搜索条件的元器件可能不止一个，如图 3—35 所示。

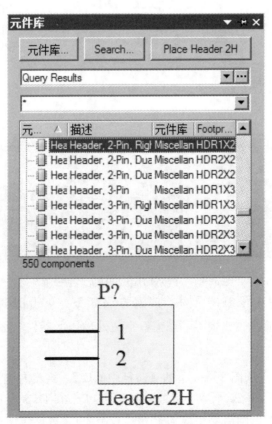

图 3—35　符合"80C51"的元器件列表

（5）单击元器件名称，按键盘【↑】【↓】键直到找到所需的元器件。

（6）在目标元器件名称上双击鼠标左键弹出对话框，如图 3—36 所示。

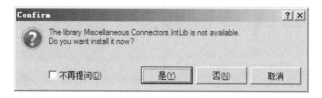

图 3—36　询问是否加载该元件库

这个对话框的意思是当前某元件库暂不能使用（还没有加载），你希望安装这个库文件吗？单击 按钮加载该元件库，然后拖动元件到合适的位置。

（7）按照表 3—11 中的说明放置元器件，修改元器件名称及参数并按照原理图摆放好位置，原理图编辑器界面如图 3—37 所示。

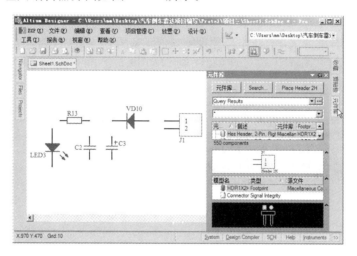

图 3—37　放置元器件

（四）放置导线

（1）单击菜单命令【放置】/【导线】，鼠标上会出现两个交叉的十字，将鼠标移动到想要放置导线起始点的位置，单击鼠标左键来放置导线的起始点，如图 3—38 所示。

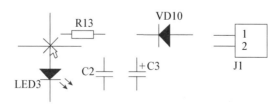

图 3—38　放置导线起始点

（2）在需要导线拐弯的地方单击鼠标左键，确定导线的拐点，如图 3—39 所示。

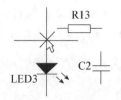

图 3—39　确定导线拐点

（3）移动鼠标，在导线的终点再次单击鼠标左键，结束第一根导线的放置，此时鼠标仍为双十字形，表示可以继续放置其他导线，如图 3—40 所示。

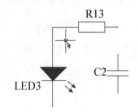

图 3—40　放置第一根导线

（4）使用同样的方法，根据电路原理图完成其余所有导线的连接，如图 3—41 所示。

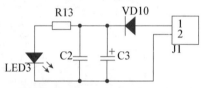

图 3—41　放置导线完毕

（5）用鼠标左键单击，为电路添加直流电源，如图 3—42 所示。

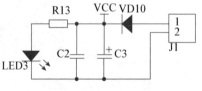

图 3—42　为电路添加电源

（五）生成网络表

执行菜单命令【设计】/【设计项目的网络表】/【Protel】，系统生成一个名称为"Project3.NET"的网络表文件，可以在 Projects 选项卡中查看到，如图 3—43 所示。

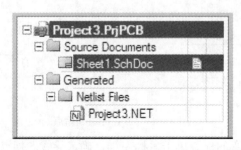

图 3—43　网络表文件

二、印制电路板设计

(一)新建 PCB 文件

(1) 执行菜单命令【文件】/【创建】/【PCB 文件】，系统在设计文件"Project3. PrjPCB"中新建一个 PCB 文件，此时项目面板中"Project3. PrjPCB"项目下面出现"PCB1. PcbDoc"文件，它是系统以默认名称创建的 PCB 文件，同时 PCB 编辑器启动，印制电路板文件名 PCB1. PcbDoc 作为标签显示在编辑窗口上方，如图 3—44所示。

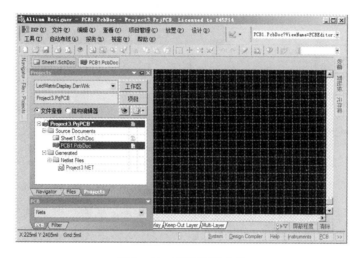

图 3—44　新建 PCB 文件

(2) 和保存原理图文件操作一样，保存"PCB1. PcbDoc"到所需目录下，一般为默认路径。

(二)PCB 环境设置

(1) 进入 PCB 操作环境，执行菜单命令【编辑】/【原点】/【设定】，鼠标处于"待命"状态，在黑色工作区的任意位置单击左键，【原点】立即设置完成。

(2) 执行菜单命令【工具】/【优先设定】，弹出【优先设定】窗口。单击【Protel PCB】，展开选择【Display】，查看右侧窗口，选择【原点标记】，单击 ＿确认＿ 按钮，在工作区就可以见到原点标记了。

(三)设置电路板尺寸

设置电路板尺寸就是在 Keep-Out Layer 层或 Mechanical1 层画一个封闭方框，把所有元器件和走线包围起来，制板厂就依此封闭方框的物理空间冲切出电路板。具体设定电路板尺寸的方法如下:

(1) 单击工作区下边的工作层标签 Keep-Out Layer，把 Keep-Out Layer 切换到当前层。

(2) 由于 Protel Dxp 2004 系统默认英制单位，如果不习惯，我们需要切换为公制单位——按【Q】键即可实现。

(3) 执行菜单命令【设计】/【PCB 板选择项】，在弹出的对话框中，把【捕获网格】的"X"和"Y"选项都更改为 1.000mm，表示鼠标以 1.000mm 跨距移动，如图 3—45 所示。

图 3—45　更改捕获网格

（4）用鼠标左键单击【应用工具】的绘图工具条，从原点开始画线，拖动鼠标向右移动 40mm（配合缩放键【PgUp】、【PgDn】）双击鼠标左键 2 次→鼠标向上移动 30mm 双击鼠标左键 2 次，向左移动 40mm 双击鼠标左键 2 次→向下移动 30mm 双击鼠标左键 2 次，最后形成一个完整封闭的布线边框（左下角是"原点"标记），如图 3—46所示。

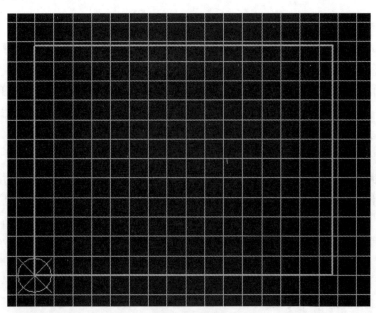

图 3—46　完成后的 PCB 边框（40mm×30mm）

（四）加载网络表

（1）执行菜单命令【设计】/【Import Changes From Project3. PrjPCB】，弹出窗口，如图 3—47 所示。

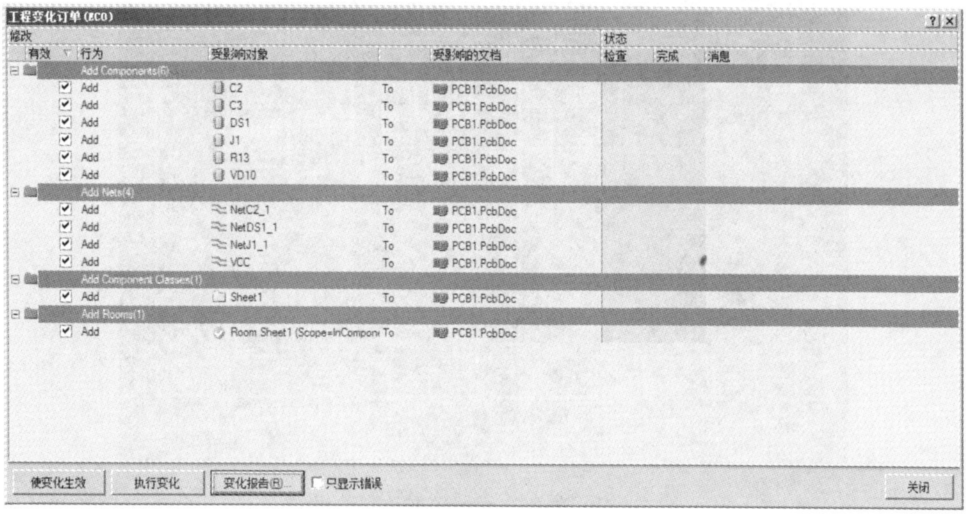

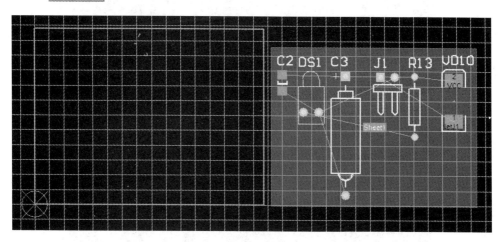

图 3—47 工程变化订单（ECO）

（2）单击 执行变化 按钮调入元器件，元器件被链接、验证，出错时会有警告标示。单击 关闭 按钮，如图 3—48 所示。

图 3—48 执行变化后的 PCB 工作区

（3）元件调进 PCB 工作区时会被一个矩形框包围——它表示框内所用元器件都是由原理图文件 Sheet1. SchDoc 生成——相当于一个集合。鼠标左键单击矩形框任意位置，矩形框高亮，按【Delete】键删除。用鼠标左键拖动鼠标选中所有元件（选定元器件将变色），在选定任意位置按住鼠标左键拖动鼠标，把它们移动到紫色边界内，如图 3—49 所示。

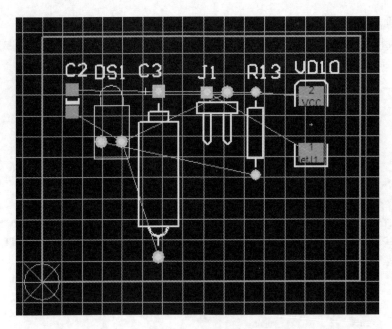

图 3—49　将所有元器件拖动到边界内

（五）调整元器件位置

根据需要用鼠标左键将各个元器件调整好位置，如图 3—50 所示。

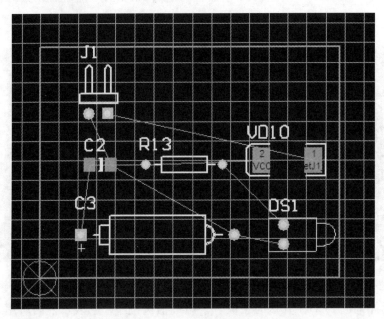

图 3—50　调整元器件位置

（六）自动布线

执行菜单命令【自动布线】/【全部对象】，用鼠标左键单击弹出窗口下面的

Route All ，计算机开始计算并进行布线。自动布线过程中会有窗口弹出，并提示布线

进程。初步完成的电路板如图 3—51 所示。

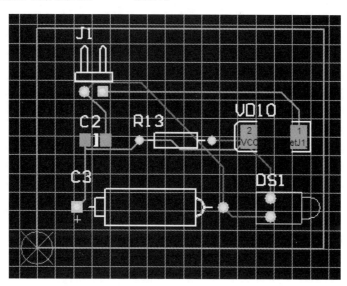

图 3—51　布线电路板

到此，我们针对图 3—32 综合报警电源电路设计的 PCB 板已经完毕。由于篇幅有限，制作过程中忽略了许多细节性问题，读者可以根据其他关于 Protel 的书籍进行学习，在此不再赘述。另外，如果想查看三维效果电路板，我们还可以采用菜单命令【查看】/【显示三维 PCB 板】进行查看，如图 3—52 所示。

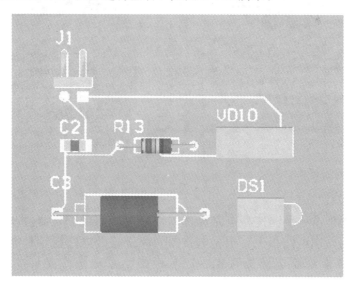

图 3—52　三维 PCB 板

汽车倒车雷达及测速器

众所周知，倒车雷达对于躲避后方障碍物避免发生碰撞是很好的警示设备，如图4—1所示。倒车雷达最主要的作用是在倒车时，利用超声波原理，由装置于车尾保险杠上的探头发送超声波，超声波撞击障碍物后反射至此声波探头，从而计算出车体与障碍物之间的实际距离，通过摆放在仪表台上的显示屏随时显示与车后物体的距离，提示给驾驶者，使停车和倒车更容易、更安全。

图 4—1　汽车倒车雷达

项目描述

根据汽车倒车雷达及测速器电路原理图，把选取的电子元器件及功能部件正确地安装在产品的印制电路板上。根据电路图和焊接好的电路板，对电路进行调试与检测，并根据要求绘制电路原理图、PCB板图、原理图库元件，最后绘制元件封装。

一、汽车倒车提示及测速系统实物图

汽车倒车雷达及测速器实物图如图 4—2 所示。

图 4—2　汽车倒车雷达及测速器实物图

二、项目要求

（一）电源电路工作正常

正确连接＋12V 电源，测得测试点 TP_5 电压为＋5V；按一下（K_1、K_4）任一个微动按钮后，测得测试点 TP_6 电压为＋12V，红色发光二极管 VD_{11} 亮，则表示电源电路工作正常。

（二）数码显示电路（含单片机电路和显示电路）工作正常

连接＋12V 电源，按下微动按钮 K_5，数码管 DS_1 显示数字为 0000，则表示数码显示电路工作正常。

（三）超声波发射电路、超声波接收电路、提示音发声器电路工作正常

连接＋12V 电源，把开关 S_1 和 S_2 均置于"B"位置，按下微动按钮 K_5，再按下微动按钮 K_1，将障碍物放在超声波发射器 LS_2 及超声波接收器 LS_1 前方大于 20cm 位置，数码管 DS_1 显示两者间距离，改变障碍物和 LS_2、LS_1 之间的距离，数码管 DS_1 显示距离变化，并且蜂鸣器 LS_3 发出提示音，绿色发光二极管 VD_9 亮，则表示超声波发射电路、超声波接收电路、提示音发声器工作正常。

（四）直流电机控制电路、转速检测电路工作正常

连接＋12V 电源，在确认电源电路、显示电路正常时，按下微动按钮 K_5，再按下微动按钮 K_4，可见直流电机 MG_1 带动转盘转动，同时数码管 DS_1 显示转速，则直流电机控制电路、转速检测电路工作正常。

三、电路原理图

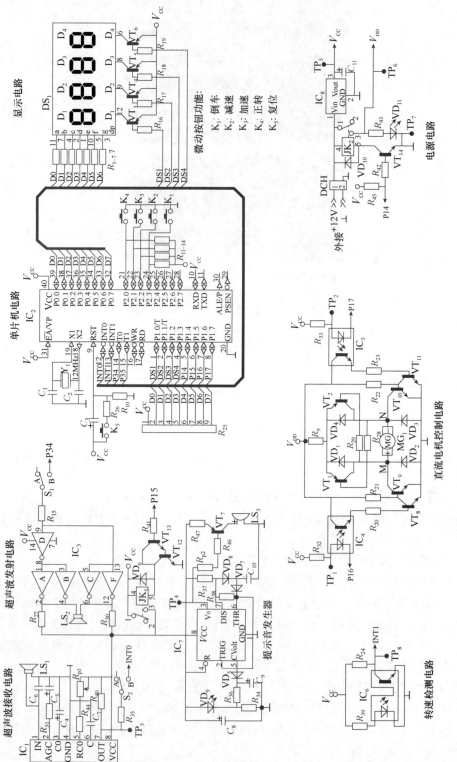

图4—3 汽车倒车雷达及测速器电路原理图

四、电路框图

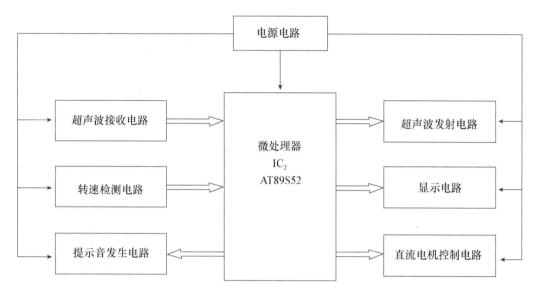

图 4—4 汽车倒车雷达及测速器电路框图

 项目分析

汽车倒车雷达及测速器主要由下面几部分电路组成：电源电路、数码显示电路、超声波发射电路、超声波接收电路、提示音发声器电路、直流电机控制电路、转速检测电路。

（1）电源电路：本项目电源电路使用外接电源，外接直流＋12V 电源至 DCH 插座。

（2）数码显示电路：数码管显示电路主要由集成型四位数码管 DS_1 和开关三极管 $VT_3 \sim VT_6$ 组成，单片机 P0 输出数码管显示信号，P1.0～P1.3 口输出数码管位选通控制信号。

（3）超声波发射电路：超声波发射电路采用了压电超声波转换器 LS_2，它利用压电晶体谐振工作。当两极外加脉冲信号，其频率等于压电晶片的固有振荡频率时，压电晶片发生共振，并带动共振板振动产生超声波，这时它作为超声波发声器使用。74LS04 反相器在发射电路部分组成振荡器，产生脉冲信号提供给换能器 LS_2，使 LS_2 产生谐振，发射出信号。

（4）超声波接收电路：压电超声波转换器如果没加电压，当共振板接收到超声波信号时，将压迫压电振荡器振动，将机械能转换成电信号，这时它就成为超声波接收转换器 LS_1。超声波发射转换器与接收转换器的结构稍有不同。

（5）提示音发声器电路：提示音发声器主要由 555 电路与外围电路组成。其中 555 电路构成对谐振荡电路，输出信号控制 LS_3 发出提示音。

（6）直流电机控制电路：在直流电机控制电路中，二极管 $VD_1 \sim VD_4$ 对电机 MG_1 起保护作用。光电耦合器 IC_4 和 IC_5 接收来自单片机 P1.6 和 P1.7 的控制信号，控制四组三极管 VT_1、VT_2、$VT_8 \sim VT_{11}$ 的导通与截止，实现对直流电机 MG_1 的正反转控制。

（7）转速检测电路：本电路需要 5V 电源供电，光电耦合器 IC_6、电阻 R_{24} 和 R_{39} 组成转速检测电路。

 项目信息

一、电源电路

外接 +12V 直流电源，经过三端稳压器 7805（IC_8）后，作为 +5V 的 V_{CC} 电源，提供给单片机 IC_2 获得 +5V 后待命所需电源。只有在进行倒车或测速（前进）时，通过单片机 IC_2 的"5"脚输出一信号，经 R_{42} 使三极管 VT_{14} 导通，使继电器 JK_2 吸合，红色发光二极管 VD_{11} 点亮，直流 +12V 经继电器 JK_2 触点作为 V_{DD} 输出，给直流电机控制电路提供 V_{DD} 电源。而且只有在倒车时，由单片机 IC_2 的"6"脚输出一信号，经 R_{41} 给复合管 VT_{12} 和 VT_{13} 提供导通信号，使继电器 JK_1 吸合，才给超声波接收电路、提示音发声器提供 V_{CC} 电源，绿色发光二极管 VD_9 点亮。

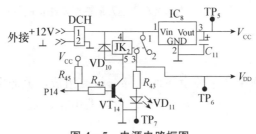

图 4—5　电源电路框图

二、数码显示电路

（一）LED 数码管模块

采用分别驱动 7 段 LED 数码管方式，效率低、耗用较多的器件与成本。为此可采用多个 7 段 LED 数码管包在一起的数码管模块，如图 4—6 所示。利用快速扫描的驱动方式，达到只要一组驱动电路显示多个 7 段 LED 数码管的目的。如图 4—6 所示，使有字面向着自己，左下脚为第一脚，以逆时针方向依次为 1～12 脚。1～12 脚分别为：e、d、dp、c、g、com0、b、com1、com2、f、a、com3。

图 4—6　四位数码管

请在下图中的引脚上填写出数码管相对应的引脚名称 a～dp。

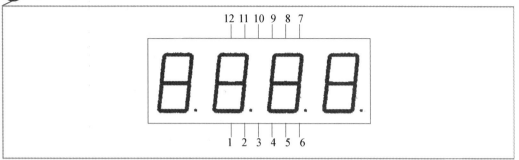

（二）LED 数码管模块的动态显示

LED 数码管动态显示的基本原理是利用人眼的"视觉暂留"效应和发光二极管的余晖现象来实现的。接口电路把所有显示器的 7 个笔段 a～g 分别并联在一起，构成"字形端口"，每个数码管的公共端 COM 各自独立地受 I/O 线控制，成为"位扫描口"。单片机向字形输出口送出字形条码时，所有数码管都能接收到，但是点亮哪一个数码管，取决于此时位扫描口的输出端接通了哪一个 LED 数码管的公共端。

所谓动态，就是利用循环扫描方式，分时轮流选通各数码管的公共端，使各个数码管轮流导通。如表 4—1、图 4—7 和图 4—8 所示为数码管模块动态显示方式图及示意。当扫描速度达到一定程度时，人眼就分辨不出来了，认为是各个数码管同时发光。

表 4—1 数码管模块动态显示方式

显示方法	效果
闪烁	时亮时不亮的效果
交替显示	多组数字切换显示
飞入	由左向右走出 7 段 LED 数码管模块，显示时以位为单位，待前一位进入到正确位置后，后续显示内容与第一位一样按顺序依次进入
跑马灯	数字按顺序进入 7 段 LED 数码管模块，且连续不断，与"飞入"的动作有点相像，只是显示的数据不同而已

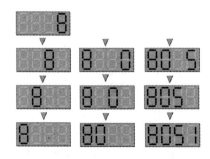

图 4—7 由右边"飞入"的分解动作

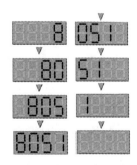

图 4—8 由右边"跑入"的分解动作

1. 直接驱动

直接驱动直接用 Port 1 输出扫描信号，用 Port 2 输出显示驱动信号，不使用任何译码芯片，以简化电路，双 I/O 口直接驱动数码管如图 4—9 所示。

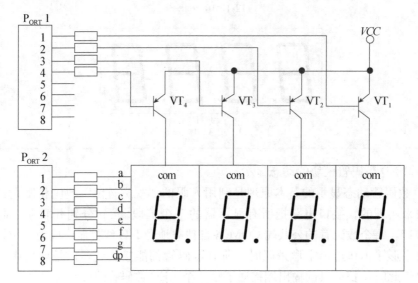

图 4—9　双 I/O 口直接驱动数码管

2. 使用 BCD 译码器

独立 I/O 口使用 BCD 译码器驱动数码管，如图 4—10 所示。

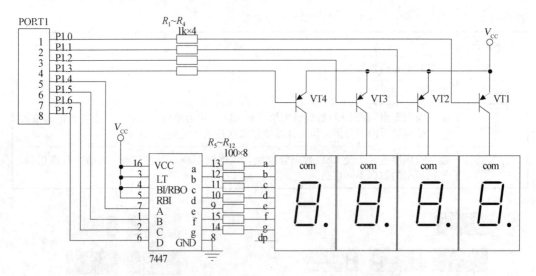

图 4—10　独立 I/O 口使用 BCD 译码器驱动数码管

（三）数码显示电路的工作原理

数码显示电路主要由数码显示管 DS_1、限流电阻 $R_1 \sim R_7$、三极管 $VT_3 \sim VT_6$ 及外围相关元器件组成。当微动按钮 $K_1 \sim K_4$ 被按动时，对应不同的控制指令，通过单片机

控制程序使单片机 P0 口输出显示数据，P1.0～P1.3 输出位选通数据信号。数码管
D1～D4 四个控制端实时接收来自单片机的位选通信号实现动态循环扫描显示，即同一
时刻只有一位数码管显示数据。由于人眼的视觉暂留效应和发光二极管的余晖现象，
可以使来自单片机 P0 的各种显示数据清晰地反映出来。

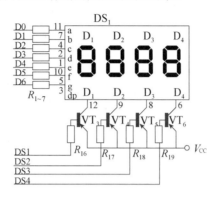

图 4—11　显示电路原理图

三、超声波发射电路

（一）反相器

反相器也称非门，是数字逻辑中实现逻辑非的逻辑门。它可以将输入信号的相位
反转 180 度，电路输出电压所代表的逻辑电平与输入相反。反相器也是数字电路中的
一种基本功能模块。将两个串行反相器的输出作为一位寄存器的输入就构成了锁存器。
锁存器、数据选择器、译码器和状态机等都需要使用反相器。

常见的反相器有 TTL 反相器和 CMOS 反相器两种。其中六反相器是指包含 6 个反
相器的集成电路。例如，74LS04 属于 TTL 反相器芯片，而 CD4069 属于 CMOS 反相
器芯片，它们都有 14 个引脚，两种芯片都各有 2 个引脚用于电源供电/基准电压，12
个引脚用于 6 个反相器的输入和输出。如图 4—12 所示为 74LS04 反相器的内部结构
图，其中 A 表示输入，Y 表示输出。

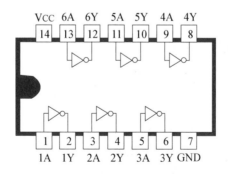

图 4—12　74LS04 反相器内部结构图

常见的 74LS04 中集成了 6 个反相器，芯片工作电压为 5V，可将外部信号取反输
出。当输入是"1"时输出为"0"，当输入为"0"时，输出为"1"。请按照国标绘制反

相器的电路符号并根据表达式完成表 4—2 中功能表的填写。

🖊 **写一写**

表 4—2 反相器表达式与电路符号

表达式	符号		功能表	
	GB/T 4728—2005	ANSI/IEEE Std91—1984	A	$Y = \bar{A}$
$Y = \bar{A}$		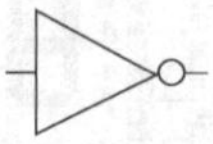 	0	
			1	

（二）超声波测距工作原理

由于超声波指向性强，在介质中传播的距离较远，因而超声波经常用于距离的测量，如测距仪、物位测量仪等。利用超声波检测往往比较迅速、方便、计算简单、易于做到实时控制，并且在测量精度方面能达到工业实用的要求，因此得到了广泛的应用。

在本项目中主要应用的是反射式检测方式。即超声波发射器向某一方向发射超声波，在发射的同时开始计时，超声波在空气中的传播，途中碰到障碍物就立即返回来，超声波接收器收到反射波后就立即停止计时。超声波在空气中传播速度为 340m/s，根据计时器记录的时间 t，就可以计算出发射点距障碍物的距离 S。即：$S = 340t/2$，这就是所谓的时间差测距法。

（三）超声波发射电路的构成

超声波发射电路主要由振荡电路、驱动电路和超声波发射头组成。振荡电路产生超声波传感器工作需要的 40kHz 频率信号。由于超声波振子也有约 2 000pF 的电容，有充放电电流流通，因此，采用驱动电路增大驱动电流，有效驱动超声波振子发送超声波。使用方波进行驱动时，由于振子的谐振作用，也变为正弦波进行发送。超声波发射电路结构图如图 4—13 所示。

$$振荡电路 \rightarrow 驱动电路 \rightarrow 超声波发射头$$

图 4—13 超声波发射电路结构图

（四）超声波发射电路的工作原理

图 4—14 中所示是基于反相器驱动的超声波发射电路原理图。电路采用六反相器构成驱动电路，为了增大驱动电流，采用两个反向器并联的方式实现。此电路结构称为桥式驱动方式，由于超声波传感器具有高阻特性，其正常工作时需要一定的驱动电流，而每个反相器的输出电流是一定的。故两个反相器并联后输出电流加倍，驱动能力得到提升。

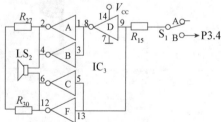

图 4—14 超声波发射电路原理图

图中发射电路主要由反向器 74LS04 和超声波换能器 LS₂ 构成，由 P3.4 端口输出 40kHz 方波信号，一路经反向器送到超声波换能器的一个电极，另一路经两级反向器并联后送到超声波换能器的另一个电极，通过这种方式可以提高超声波发声器的发射强度。如图 4—15 所示。

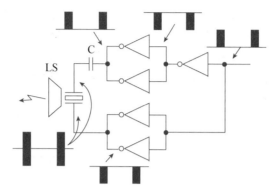

图 4—15　反相器并联工作原理

四、超声波接收电路

（一）超声波接收电路结构

超声波接收电路包括超声波接收探头、信号放大电路及波形变换电路三部分。由于经接收头变换后的正弦波电信号非常弱，因此必须经放大电路放大。正弦波信号需要变换为直流信号以判断是否有回波及回波的大小。

图 4—16　超声波接收电路结构图

（二）CX20106A 的使用

超声波接收电路的核心是 CX20106A 集成电路，它是一款红外接收的专用芯片，常用于电视红外遥控器。常用的载波频率 38kHz 与测距的 40kHz 较为相近，因此利用它来做接收电路。CX20106A 的内电路框图及信号流向如图 1—4 所示。

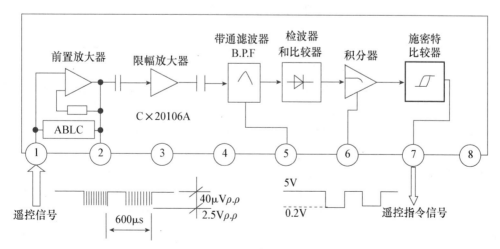

图 4—17　CX20106A 的内电路框图

集成电路 CX20106A 可用来完成信号的放大、限幅、带通滤波、峰值检波和波形整形等功能，各引脚图如图 4—18 所示，功能说明见表 4—3。其中的前置放大器具有自动增益控制功能，可以保证在超声波传感器接收较远反射信号输出

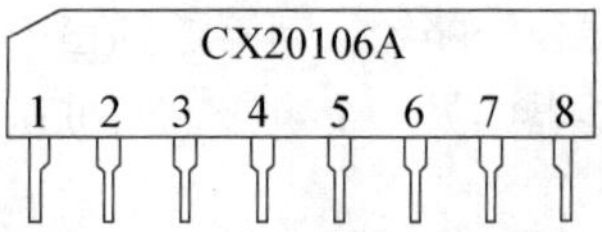

图 4—18 CX20106A 引脚图

微弱电压时，放大器有较高的增益，在近距离输入信号强时放大器不会过载；其带通滤波器的中心频率可由芯片脚 5 的外接电阻调节，不需要外接电感，可避免外磁场对电路的干扰，可靠性较高。CX20106A 接收超声波有很高的灵敏度和抗干扰能力，可以满足接收电路的要求。同时，使用集成电路也可以减少电路之间的相互干扰，减小电噪声。

表 4—3   CX20106A 引脚功能说明

引脚序号	引脚名称		引脚功能说明
1	IN	信号输入端	超声信号输入端，输入阻抗为 40kΩ
2	AGC	自动增益与频宽控制	该引脚与地之间连接 RC 串联网络，它们是负反馈串联网络的一个组成部分。改变它们的数值能改变前置放大器的增益和频率特性。增大电阻 R_{31} 或减小 C_5，将使负反馈量增大，放大倍数减小，反之则放大倍数增大。但 C_5 的改变会影响到频率特性，一般在实际使用中不必改动，推荐选用参数为 $R_{31}=4.7Ω$，$C_5=1μF$
3	C0	检波电容连接端	该引脚与地之间连接检波电路，电容量大则为平均值检波，瞬间相应灵敏度低；若电容量小，则为峰值检波，瞬间相应灵敏度高，但检波输出的脉冲宽度变动大，易造成误动作，一般为 $3.3μF$
4	GND	地	接地端
5	RC0	带通滤波器中心频率设置端	该引脚与电源间接入一个电阻，用以设置带通滤波器的中心频率 f_o，阻值越大，中心频率越低，例如，取 $R=200kΩ$ 时，$f_o=42kHz$，若取 $R=220kΩ$，则中心频率 $f_o=38kHz$
6	C	积分电容连接端	该引脚与地之间接入一个积分电容，标准值为 330pF，如果该电容取得太大，会使探测距离变短
7	OUT	信号输出端	遥控命令输入端，它采用集电极开路输出方式，因此该引脚必须接上一个上拉电阻到电源端，推荐阻值为 22kΩ，没有接受信号时该端输出为高电平，有信号时则下降为低电平
8	V_{CC}	供电电源端	电源正极 5V

（三）超声波接收电路的工作原理

超声波接收电路如图 4—19 所示，经障碍物反射后的超声波，由 LS_1 超声波接收器接收，当超声波接收器收到发射信号时，便通过 CX20106 进行前置放大、限幅放大、带通滤波、峰值检波和比较、积分及施密特触发比较得到解调处理后的信号，送入集成块 CX20106A 的 "1" 脚，该信号为正弦波信号。由于倒车的距离不断变化，所以 CX20106A 内部设置了自动增益控制 AGC，以保持信号不会因倒车距离变化而出现强弱变化，正弦波信号在 CX20106A 内部进行整形后，由 CX20106A 的 "7" 脚输出，经延时（信号由发射→障碍物→接收的时间）后的信号，经电阻 R_{35} 和开关 S_2 送回单片机的 "12" 脚，由单片机内部与原送出的信号进行比较计算，并把计算的结果送到显示电路显示出汽车在倒车时与障碍物之间的距离。当倒车与障碍物的距离等于 20 厘米

时，单片机发出指令，让汽车停止倒车，电路复位。适当改变 C_6 的大小，可以改变接收电路的灵敏度和抗干扰能力。

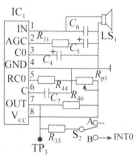

图4—19 超声波接收电路原理图

五、提示音发声电路

（一）NE555电路应用

NE555是555系列的计时芯片中的一种，555系列芯片接脚功能及运用都是相容的，只是型号不同，其稳定度、省电性、可产生的振荡频率也不大相同。NE555是一个用途很广且相当普遍的计时芯片，只需少数的电阻和电容，便可产生电路所需的各种不同频率的脉冲信号。

1. 构成单稳态触发器

由555定时器和外接定时元件R、C构成的单稳态触发器，如图4—20所示。触发电路由 C_1、R_1、VD构成，其中VD为钳位二极管，稳态时555电路输入端处于电源电平，内部放电开关管T导通，输出端F输出低电平。当有一个外部负脉冲触发信号经 C_1 加到2端，并使2端电位瞬时低于 $V_{CC}/3$ 时，低电平比较器动作，单稳态电路即开始一个暂态过程，电容C开始充电，V_C 按指数规律增长。当 V_C 充电到 $2V_{CC}/3$ 时，高电平比较器动作，比较器 A_1 翻转，输出 V_o 从高电平返回低电平，开关管T重新导通，电容C上的电荷很快经放电开关管放电，暂态结束，恢复稳态，为下个触发脉冲的来到作好准备。

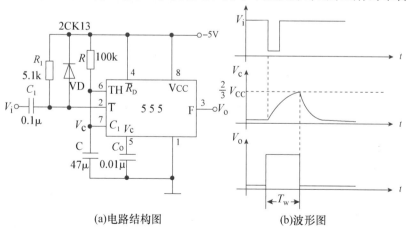

(a)电路结构图　　　(b)波形图

图4—20 单稳态触发器电路原理图

✎ 写一写

暂稳态的持续时间 t_w（即延时时间）决定于外接元件 R、C 值的大小。

如果 $R=100\text{k}\Omega$，$C=100\text{pF}$。T_w 等于 $11\mu s$。则

$T_w=1.1RC=1.1\times100\times10^3\times100\times10^{-12}=11\mu s$

如果 $R=220\text{k}\Omega$，$C=120\text{pF}$。T_w 等于多少？

2. 构成多谐振荡器

555 多谐振荡器的基本电路如图 4—21 所示。电路初次通电时，由于电容 C 两端电压不能突变，555 的 2 脚为低电平，555 时基电路置位，即 3 脚输出高电平，内部放电晶体管截止，7 脚被悬空，此时正电源 V_{CC} 通过电阻 R_1、R_2 向电容 C 充电，使 C 两端电压不断升高，约经时间 T_H，C 两端电压即阈值端（6 脚）电平升至 $2V_{CC}/3$ 时，555 时基电路翻转复位，3 脚输出低电平，同时内部放电晶体管导通，7 脚也为低电平，此时电容 C 储存的电荷将通过 R_2 向 7 脚放电，使 C 两端电压即 555 的触发端 2 脚电平不断下降，约经 T_L 时间，电压降至 $V_{CC}/3$ 时，555 时基电路又翻转置位，3 脚又输出高电平，7 脚再次被悬空，正电源又通过 R_1，R_2 向 C 充电，如此周而复始，电容 C 不断处于充电与放电状态，引起电路振

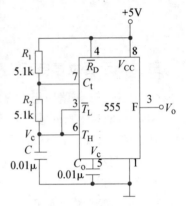

图 4—21　多谐振荡器电路原理图

荡，3 脚将交替输出高电平和低电平。555 多谐振荡电路的脉冲宽度 T_L 由电容 C 的放电时间来决定，$T_L\approx0.7R_2C$，T_H 由电容 C 的充电时间来决定，$T_H\approx0.7(R_1+R_2)C$，输出振荡信号的周期为 $T=T_L+T_H$。

🎤 试一试

请按图 4—21 所示搭接电路，测试输出端波形并加以记录。

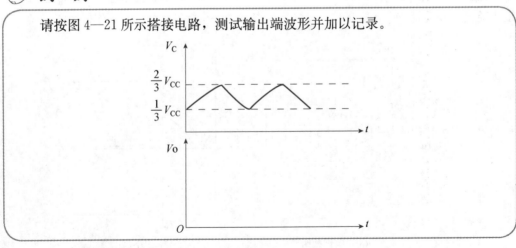

（二）继电器电路

继电器电路接收来自单片机 P1.5 引脚输出的信号，当单片机输出低电平时，接成

达林顿结构的三极管 VT$_{12}$ 和 VT$_{13}$ 均截止，此时继电器
JK$_1$ 线圈无电，开关断开。反之，三极管导通，继电器线
圈吸合，开关闭合为提示音发声器电路供 V$_{CC}$ 电源。

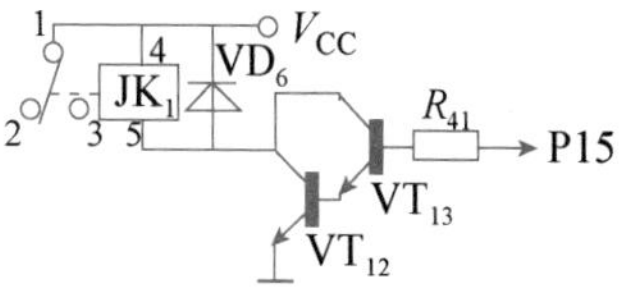

（三）提示音发声电路的工作原理

提示音发声电路的核心是 NE555 定时器。由单片机的
"6" 脚（即"P15"）输出一信号，经 R$_{41}$ 给复合管 VT$_{12}$ 和 VT$_{13}$ 提供导通信号，使继电器 JK$_1$
吸合，才给超声波接收电路、提示音发声电路提供 V$_{CC}$ 电源。在倒车开始时，提示音发声器
的集成块 NE555 与外围元器件组成的振荡电路起振，产生信号供三极管 VT$_7$ 放大，由蜂鸣
器 LS$_3$ 发出提示音，提醒驾车人士注意。调节可调电阻 R$_{P2}$，可改变提示音的声音大小。

图 4—22　继电器电路原理图

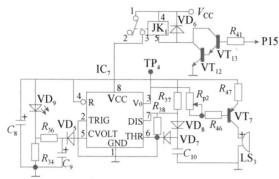

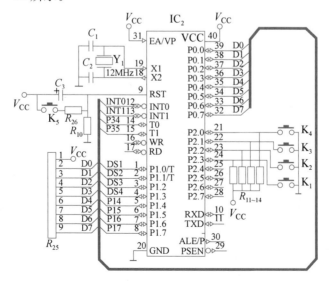

图 4—23　提示音电路原理图

六、单片机控制电路

单片机控制电路是由单片机 AT89S52 为核心及相关元器件组成的，构成了汽车倒
车雷达及测速器的中央控制电路。根据电路功能需要，编写单片机 AT89S52 相应程
序，对整个系统进行控制，通过各种电路之间的配合来实现倒车提示及速度测量等相
应功能，如图 4—24 所示。

图 4—24　单片机控制电路原理图

七、直流电动机控制电路

（一）认识光电耦合器

光电耦合器是以光为媒介传输电信号的一种"电—光—电"转换器件，如图 4—25 所示。它由发光源和受光器两部分组成，把发光源和受光器组装在同一个密闭的壳体内，彼此间用透明绝缘体隔离，发光源的引脚为输入端，受光器的引脚为输出端，常见的发光源为发光二极管，受光器为光敏二极管、光敏三极管等。

图 4—25　光电耦合器实物图

光电耦合器的种类较多，常见的有光电二极管型、光电三极管型、光敏电阻型、光控晶闸管型、光电达林顿型等。但电信号送入光电耦合器的输入端时，发光二极管通过电流而发光，光敏元件受到光照后产生电流，从而导通。当输入端无信号时，发光二极管熄灭，受光器件也同时截止。光电耦合器因为其独特的结构特点，得到了广泛的应用，具有以下明显的优点。

（1）能够有效抑制接地回路的噪声，消除地的干扰，使信号现场与主控制端在电气上完全隔离，避免了主控制系统受到意外损坏。

（2）可以在不同电位和不同阻抗之间传输电信号，且对信号具有放大和整形等功能，使得实际电路设计大为简化。

（3）开关速度快，高速光电耦合器的响应速度到达 ns 数量级，极大地拓展了光电耦合器在数字信号处理中的应用。

（4）体积小，器件多采用双列直插封装，具有单通道、双通道以及多达八通道等多种结构，使用十分方便。

（5）可替代变压器隔离，不会因触点跳动而产生尖峰噪声，且抗振动和抗冲击能力强。

（6）高线性光电耦合器除了用于电源监测外，还用于医用设备，能有效地保护病人的人身安全。

写一写

请根据对光电耦合器的介绍，在下列图片中正确选择图片对应的类型名称。

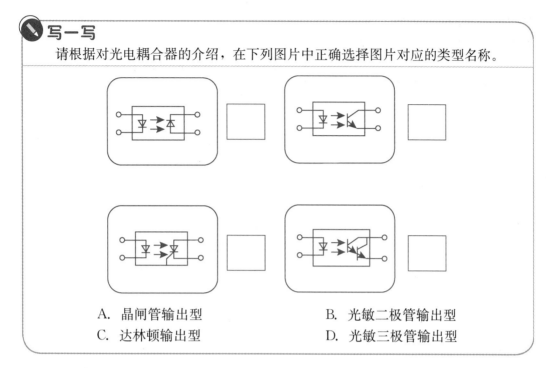

A. 晶闸管输出型　　　　　　B. 光敏二极管输出型
C. 达林顿输出型　　　　　　D. 光敏三极管输出型

（二）H 桥式驱动电路

本电路是一个典型的直流电机控制电路，该电路称为"H 桥式驱动电路"，是因为它的形状酷似字母 H，4 个三极管组成 H 的 4 条垂直腿，而电机就是 H 中的横杠接在 M、N 两点之间。要使电机运转，必须导通对角线上的一对三极管。根据不同三极管对的导通情况，电流可能会从左至右或从右至左流过电机，从而控制电机的转向。

要使电机运转，必须使对角线上的一对三极管导通，如图 4—26 所示。当三极管 VT_1 和 VT_{10} 导通时，电流就从电源正极经 VT_1 从 M 至 N 穿过电机，然后再经 VT_{10} 回到电源负极。从而驱动电动机按顺时针方向转动。当三极管 VT_2 和 VT_9 导通时，电流将从 N 至 M 流过电机，从而驱动电动机按逆时针方向转动。

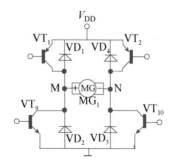

图 4—26　H 桥式驱动电路原理图

（三）直流电动机控制电路的工作原理

直流电动机控制电路如图 4—27 所示，其中的关键器件是光电耦合器。按下微动

按钮 K_1，由单片机 IC_2 的"6"和"7"脚输出一串矩形波信号，该信号送到光电耦合器 IC_4 或 IC_5 的输入端，改变光电耦合器 IC_4 或 IC_5 的输出电阻，使原来由 VT_1、VT_2、$VT_8 \sim VT_{11}$ 组成的直流电机 MG_1 桥式驱动电路在直流电机 MG_1 两端产生电位差，使直流电机 MG_1 被驱动实现正反转，模拟汽车的前进和后退。

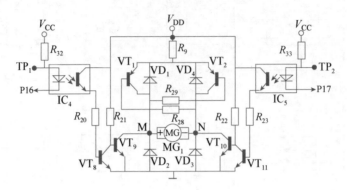

图 4—27　直流电机控制电路

八、转速检测电路

（一）光电开关

光电开关又称光电传感器是光电接近开关的简称，如图 4—28 所示。它是一种将光信号转换成电信号的传感器。光电开关已被用于位置检测、液位控制、产品计数、速度检测、自动门传感等诸多领域。

图 4—28　光电传感器实物图

光电开关按其检测方式主要分为：

（1）漫反射式光电开关：它是一种集发射器和接收器于一体的传感器，当有被检测物体经过时，发射器发射的光线被物体反射到接收器，于是光电开关输出开关信号。

（2）镜面反射式光电开关：它集发射器与接收器于一体，发射器发出的光线被反射镜反射回接收器，当被检测物体经过时阻断光线，光电开关就产生一个开关信号。

（3）对射式光电开关：它包含了在结构上相互分离且光轴相对放置的发射器和接收器，发射器发出的光线直接进入接收器，当被检测物体经过发射器和接收器之间且阻断光线时，光电开关就产生了开关信号。

（4）槽式光电开关：它通常采用标准的 U 形结构，其发射器和接收器分别位于 U 形槽的两边，并形成一条光轴，当被检测物体经过 U 形槽且阻断光轴时，光电开关就产生了开关信号。

写一写

请根据对光电开关的介绍，在下列图片中正确选择图片对应的类型名称。

A. 漫反射式光电开关　　　　　　　B. 对射式光电开关

C. 镜面反射式光电开关　　　　　　D. 槽式光电开关

在产品计数设备中经常会用到对射式光电开关，每当传送带上经过一件物品时发射器和接收器之间的光线就会被遮挡一次，计数器就会输出一个脉冲信号，如图 4—29 所示。

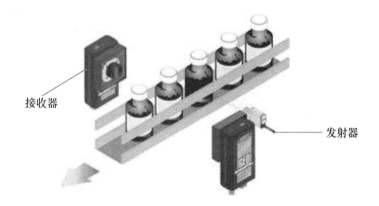

接收器

发射器

图 4—29　对射式光电开关的应用

在测速设备中经常用到槽式光电开关，如图 4—30 所示。

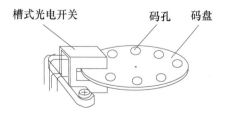

槽式光电开关　　　码孔　码盘

图 4—30　槽式光电开关测速

图 4—30 中，槽式光电开关的 U 形槽中的光线通过码孔一次，那么$\overline{pulse}$输出口将输出一个脉冲信号，如图 4—31 所示。

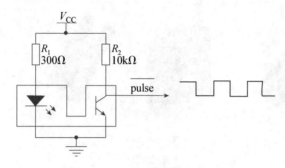

图 4—31 槽式光电开关原理图

$\overline{pulse}$输出口所接电路通过下式来计算速度：

$$N = \frac{60f}{P}$$

式中 N 为转速，单位是 r/min，f 为脉冲频率，单位为赫兹（Hz），P 为码盘码孔数量。

例 1： 某电动机转速检测器输出频率 f 为 60Hz，码盘码孔为 8 个，求电动机转速 N。

$$N = \frac{60f}{P} = \frac{60 \times 50}{8} \approx 375\text{r/min}$$

经计算可知，此电动机的转速为每分钟 375 转。

✏️ **写一写**

如图 4—32 所示电动机的槽式光电开关测速机构，填写空白。

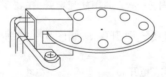

图 4—32 槽式光电开关测速

如图 4—32 所示，请认真观察电动机的槽式光电开关测速机构。写出码盘的码孔数为：_____；对应的测速公式为：_____。

请根据表 4—4 中测得的转速波形信号，填写表 4—4 中的空白。

✐ 写一写

表 4—3	电动机转速波形信号		
波形		周期	幅度
		$T=$ _____	$V_{\text{P-P}}=$ _____
		量程范围	量程范围
		50ms/div	1V/div

(二) 转速检测电路的工作原理

电机 MG_1 带动安装在电机上的转盘转动，转盘装在光电开关器 IC_6 槽中，且转盘中带有小孔，转盘在转动过程中，光电开关器一端发出的光线穿过小孔，光线间歇通过并送到光电开关器的另一端，使光电开关器 IC_6 输出一串脉冲并送回单片机 AT89S52 的 "13" 引脚，由单片机进行计数，计算结果最终被送到数码管 DS_1 进行显示，此数据即为电机 MG_1 的转速。

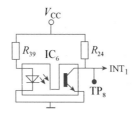

图 4—33 转速检测电路原理图

项目计划

根据上述知识与技术信息，在下表中列出安装与调试汽车倒车雷达及测速器的工作计划。

序号	工作步骤	工具/辅具	注意事项

项目实施

一、职业与安全意识

在完成工作任务的过程中，操作符合安全操作规程。使用仪器仪表、工具操作时安全、规范。注意工具摆放，包装物品、导线线头等的处理，符合职业岗位的要求。遵守实习实训纪律，尊重实习指导教师，爱惜实习实训设备和器材，保持工位的整洁。应尽量避免因操作不当或违反操作规程，造成设备损坏或影响其他同学的正常工作。杜绝浪费材料、污染实习实训环境、遗忘工具在工作现场等不符合职业规范的行为。

二、元器件选择

要求：根据给出的汽车倒车雷达及测速器电路原理图（见图 4—2）和元器件表（见表 4—5），在印制电路板焊接和产品安装过程中，正确无误地从提供的元器件中选取所需的元器件及功能部件。安装材料清单列表见表 4—5。

表 4—5　　　　　　　　　　汽车倒车雷达及测速器元器件列表

序号	标称	名称	型号/规格	参考价格（元）	图形符号	外观	检验结果
1	C_1	电容器	30pF	0.05			
2	C_2	电容器	30pF	0.05			
3	C_3	电解电容	$10\mu F/25V$	0.08			
4	C_4	电解电容	$3.3\mu F/50V$	0.08			
5	C_5	电解电容	$1\mu F/50V$	0.08			
6	C_6	电容器	$0.22\mu F$	0.05			
7	C_7	电容器	330pF	0.05			
8	C_8	电解电容	$100\mu F/25V$	2.00			
9	C_9	钽电容	$6.8\mu F/16V$	0.50			
10	C_{10}	电容器	$1\mu F$	0.05			

续前表

序号	标称	名称	型号/规格	参考价格（元）	图形符号	外观	检验结果
11	C_{11}	电解电容	$100\mu F/25V$	2.00			
12	DCH	扣线插座	CON2	0.30			
13	DS_1	数码管	SR410561K	3.00			
14	IC_1	集成块	CX20106A	5.00			
15	IC_2	CPU	AT89S52	9.00			
16	IC_3	集成块	74LS04	1.20			
17	IC_4	光耦合器	P521	1.50			
18	IC_5	光耦合器	P521	1.50			
19	IC_6	光电开关	GK152	2.00			
20	IC_7	集成块	NE555	1.50			
21	IC_8	三端稳压带散热片	7805	0.80			
22	JK_1	继电器	DC5V	1.60			
23	JK_2	继电器	DC12V	2.00			

续前表

序号	标称	名称	型号/规格	参考价格（元）	图形符号	外观	检验结果
24	K₁	微动按钮		0.30			
25	K₂	微动按钮		0.30			
26	K₃	微动按钮		0.30			
27	K₄	微动按钮		0.30			
28	K₅	微动按钮		0.30			
29	MG₁	直流电机（带转盘）		15.00			
30	LS₁	超声接收器	40R/12	3.50			
31	LS₂	超声发射器	40T/12	3.50			
32	LS₃	蜂鸣器	THDZ	1.00			
33	R₁	电阻器※	510Ω	0.02			
34	R₂	电阻器※	510Ω	0.02			
35	R₃	电阻器※	510Ω	0.02			
36	R₄	电阻器※	510Ω	0.02			
37	R₅	电阻器※	510Ω	0.02			
38	R₆	电阻器※	510Ω	0.02			
39	R₇	电阻器※	510Ω	0.02			
40	R₉	电阻器	300Ω/0.5W	0.30			
41	R₁₀	电阻器※	2kΩ	0.02			
42	R₁₁	电阻器	10kΩ	0.03			
43	R₁₂	电阻器	10kΩ	0.03			
44	R₁₃	电阻器	10kΩ	0.03			
45	R₁₄	电阻器	10kΩ	0.03			
46	R₁₅	电阻器※	10kΩ	0.02			
47	R₁₆	电阻器※	10kΩ	0.02			
48	R₁₇	电阻器※	10kΩ	0.02			
49	R₁₈	电阻器※	10kΩ	0.02			
50	R₁₉	电阻器※	10kΩ	0.02			

续前表

序号	标称	名称	型号/规格	参考价格（元）	图形符号	外观	检验结果
51	R_{20}	电阻器	10kΩ	0.03			
52	R_{21}	电阻器	10kΩ	0.03			
53	R_{22}	电阻器	10kΩ	0.03			
54	R_{23}	电阻器	10kΩ	0.03			
55	R_{24}	电阻器	10kΩ	0.03			
56	R_{25}	排阻器	8×10kΩ	0.30			
57	R_{26}	电阻器※	200Ω	0.02			
58	R_{27}	电阻器※	1kΩ	0.02			
59	R_{28}	电阻器	1kΩ	0.03			
60	R_{29}	电阻器	1kΩ	0.03			
61	R_{30}	电阻器※	1kΩ	0.02			
62	R_{31}	电阻器	4.7Ω	0.03			
63	R_{32}	电阻器	510Ω	0.03			
64	R_{33}	电阻器	510Ω	0.03			
65	R_{34}	电阻器※	510Ω	0.02			
66	R_{35}	电阻器	510Ω	0.03			
67	R_{36}	电阻器※	510Ω	0.02			
68	R_{37}	电阻器※	2kΩ	0.02			
69	R_{38}	电阻器※	2kΩ	0.02			
70	R_{39}	电阻器	300Ω	0.03			
71	R_{40}	电阻器	220kΩ	0.03			
72	R_{41}	电阻器	1kΩ	0.03			
73	R_{42}	电阻器	1kΩ	0.03			
74	R_{43}	电阻器	1kΩ	0.03			
75	R_{44}	电阻器	200kΩ	0.03			
76	R_{45}	电阻器	1kΩ	0.03			
77	R_{46}	电阻器	1kΩ	0.03			
78	R_{47}	电阻器	4.7Ω	0.03			

续前表

序号	标称	名称	型号/规格	参考价格（元）	图形符号	外观	检验结果
79	R_{P1}	电位器	50kΩ	1.50			
80	R_{P2}	电位器	50kΩ	1.50			
81	S_1	拨动开关	1×2	0.80			
82	S_2	拨动开关	1×2	0.80			
83	TP_1	测试杆		0.10			
84	TP_2	测试杆		0.10			
85	TP_3	测试杆		0.10			
86	TP_4	测试杆		0.10			
87	TP_5	测试杆		0.10			
88	TP_6	测试杆		0.10			
89	TP_7	测试杆		0.10			
90	TP_8	测试杆		0.10			
91	VD_1	二极管※	4148	0.05			
92	VD_2	二极管※	4148	0.05			
93	VD_3	二极管※	4148	0.05			
94	VD_4	二极管※	4148	0.05			
95	VD_5	二极管※	4148	0.05			
96	VD_6	二极管※	4148	0.05			
97	VD_7	二极管※	4148	0.05			
98	VD_8	二极管※	4148	0.05			
99	VD_9	发光二极管	绿色	0.08			
100	VD_{10}	二极管※	4148	0.05			
101	VD_{11}	发光二极管	红色	0.08			

续前表

序号	标称	名称	型号/规格	参考价格（元）	图形符号	外观	检验结果
102	VT_1	三极管	9015	0.08			
103	VT_2	三极管	9015	0.08			
104	VT_3	三极管	9012	0.08			
105	VT_4	三极管	9012	0.08			
106	VT_5	三极管	9012	0.08			
107	VT_6	三极管	9012	0.08			
108	VT_7	三极管	9012	0.08			
109	VT_8	三极管	9013	0.08			
110	VT_9	三极管	9013	0.08			
111	VT_{10}	三极管	9013	0.08			
112	VT_{11}	三极管	9013	0.08			
113	VT_{12}	三极管	9013	0.08			
114	VT_{13}	三极管	9013	0.08			
115	VT_{14}	三极管	9013	0.08			
116	Y_1	晶体振荡器	12MHz	0.06	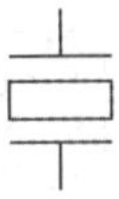		

根据给出的汽车倒车提示及测速器电路原理图，元器件的选择可按下列四种情况进行评价，见表4—6。

表4—6　　　　　　　　　　　　元器件选择评价标准

评价等级	评价标准
A级	根据元器件列表，元器件选择全部正确，电子产品功能全部实现，汽车倒车雷达及测速器工作正常
B级	根据元器件列表，电路主要元器件选择正确，在印制电路板上完成焊接，但电路只实现部分功能
C级	根据元器件列表，电路主要元器件选择错误，在印制电路板上完成焊接，但电路未能实现任何一种功能
D级	无法根据元器件列表按照要求选择所需元器件，在规定时间内电路板上未能全部焊接上元器件

三、产品焊接

根据给出的汽车倒车雷达及测速器电路原理图（见图4—2），将选择的元器件准确地焊接在产品的印制电路板上。

要求：在印制电路板上所焊接的元器件的焊点大小适中，无漏、假、虚、连焊，焊点光滑、圆润、干净，无毛刺；引脚加工尺寸及成形符合工艺要求；导线长度、剥线头长度符合工艺要求，芯线完好，捻线头镀锡。

（一）贴片焊接

贴片焊接工艺按下面标准分级评价，见表 4—7。

表 4—7　　　　　　　　　　贴片焊接工艺评价标准

评价等级	评价标准
A 级	所焊接的元器件的焊点适中，无漏、假、虚、连焊，焊点光滑、圆润、干净，无毛刺，焊点基本一致，没有歪焊
B 级	所焊接的元器件的焊点适中，无漏、假、虚、连焊，但个别（1~2 个）元器件有下面现象：有毛刺，不光亮，或出现歪焊
C 级	3~5 个元器件有漏、假、虚、连焊，或有毛刺，不光亮，歪焊
D 级	有严重（超过 6 个元器件以上）漏、假、虚、连焊，或有毛刺，不光亮，歪焊
E 级	完全没有贴片焊接

（二）非贴片焊接

非贴片焊接工艺按下面标准分级评价，见表 4—8。

表 4—8　　　　　　　　　　非贴片焊接工艺评价标准

评价等级	评价标准
A 级	所焊接的元器件的焊点适中，无漏、假、虚、连焊，焊点光滑、圆润、干净，无毛刺，焊点基本一致，引脚加工尺寸及成形符合工艺要求；导线长度、剥线头长度符合工艺要求，芯线完好，捻线头镀锡
B 级	所焊接的元器件的焊点适中，无漏、假、虚、连焊，但个别（1~2 个）元器件有下面现象：有毛刺，不光亮，或导线长度、剥线头长度不符合工艺要求，捻线头无镀锡
C 级	3~6 个元器件有漏、假、虚、连焊，或有毛刺，不光亮，或导线长度、剥线头长度不符合工艺要求，捻线头无镀锡
D 级	有严重（超过 7 个元器件以上）漏、假、虚、连焊，或有毛刺，不光亮，导线长度、剥线头长度不符合工艺要求，捻线头无镀锡
E 级	超过 1/5 的元器件（15 个以上）没有焊接在电路板上

四、产品装配

根据给出的汽车倒车雷达及测速器电路原理图（见图 4—2），把选取的电子元器件及功能部件正确地装配在产品的印制电路板上。

要求：元器件焊接安装无错漏，元器件、导线安装及元器件上字符标识方向均符合工艺要求；电路板上插件位置正确，接插件、紧固件安装可靠牢固；线路板和元器件无烫伤和划伤处，整机清洁无污物。

电子产品电路安装按表 4—9 所示标准分级评价。

表 4—9　　　　　　　　　　　　　电子产品电路装配评价标准

评价等级	评价标准
A 级	焊接安装无错漏，电路板插件位置正确，元器件极性正确，接插件、紧固件安装可靠牢固，电路板安装对位；整机清洁无污物
B 级	元器件均已焊接在电路板上，但出现错误的焊接安装（1～2 个元器件）；或缺少 1～2 个元器件或插件；或 1～2 个插件位置不正确或元器件极性不正确；或元器件、导线安装及字标方向未符合工艺要求；或 1～2 处出现烫伤和划伤，有污物
C 级	缺少 3～5 个元器件或插件；3～5 个插件位置不正确或元器件极性不正确；或元器件、导线安装及字标方向未符合工艺要求；3～5 处出现烫伤和划伤，有污物
D 级	缺少 6 个以上元器件或插件；6 个以上插件位置不正确或元器件极性不正确、元器件导线安装及字标方向未符合工艺要求；6 处以上出现烫伤和划伤，有污物

五、产品调试与检测

要求：将已经焊接好的汽车倒车雷达及测速器电路板，进行电路检测并实现电路工作正常。汽车倒车雷达及测速器电路功能参见本项目要求。

根据给出的汽车倒车雷达及测速器电路原理图及已经焊接好的汽车倒车雷达及测速器电路板，回答下面的问题。

（一）回答问题

（1）在电源电路中，P14 提供给 VT_{14} 的基极一个什么信号，电源电路的 V_{DD} 输出电压多少伏？在汽车倒车雷达及测速器电路中，还有哪一部分电路具有相同的工作状态？

答：

（2）在汽车倒车雷达及测速器电路板中，在显示电路部分采用什么方法把数码显示管 DS_1 每个数字后面的小数点隐匿？

答：

（3）在汽车倒车雷达及测速器电路原理图中，R_{25} 有什么作用？

答：

（二）参数测试

要求：使用给出的仪器仪表，对相关电路进行测量，把测量的结果填在相应的表格及空格中。

根据给出的汽车倒车雷达及测速器电路原理图及已经焊接好的汽车倒车雷达及测速器电路板，在正确完成电路的调试后，对相关电路进行测量，把测量的结果填在相关的表格及空格中。

（1）接上电源，把开关 S_1 和 S_2 均置于"B"位置，按下微动按钮 K_5，再按下微动按钮 K_1，测量测试点 TP_4。

波形	周期	幅度
	量程范围	量程范围

（2）按下微动按钮 K_5，再按下微动按钮 K_4，数码管 DS_1 显示的数字为_____，测量 INT_1（TP_8）位置的脉冲频率为_____，脉冲频率数是数码管 DS_1 显示数字的_____整数倍。

如果按下微动按钮 K_4 后，再按下微动按钮 K_3，数码管 DS_1 显示的数字为_____，测量 INT_1 位置的脉冲频率为_____，脉冲频率数是数码管 DS_1 显示数字的_____整数倍。

按第二下微动按钮 K_3，数码管 DS_1 显示的数字为_____，测量 INT_1 位置的脉冲频率为_____，脉冲频率数是数码管 DS_1 显示数字的_____整数倍。

根据以上关于"脉冲频率数是数码管 DS_1 显示数字的倍数关系"，从电路硬件上找出这种关系的原因_____。

（3）按下微动按钮 K_5，再按下微动按钮 K_1，单片机 IC_2 的_____脚发送去控制信号到直流电机控制电路的_____位置。电机 MG_1 两端的电位差 U_{MN} 是_____V。

（4）按下微动按钮 K_5，再按下微动按钮 K_4（正转），在图 4—34（a）中画出 TP_2 的波形（量程范围：5ms/DIV，1V/DIV），测量直流电机 MG_1 两端的电位差 U_{MN} 是_____V。

按一下微动按钮 K_3（加速 1），在图 4—34（b）中画出 TP_2 的波形（量程范围：5ms/DIV，1V/DIV），测量直流电机 MG_1 两端的电位差 U_{MN} 是_____V。

如果再按一下微动按钮 K_3（加速 2），在图 4—34（c）中画出 TP_2 的波形（量程范围：5ms/DIV，1V/DIV），测量直流电机 MG_1 两端的电位差 U_{MN} 是_____V。

从图 4—34（a）、（b）和（c）中的三个波形看出，直流电机 MG_1 运动方式发生改变，是由于单片机 IC_2 送到直流电机控制电路的_____波_____改变的结果，但它的_____并没有改变。

（5）按下微动按钮 K_5，再按下微动按钮 K_1，用障碍物放在超声波发射器 LS_2 及超

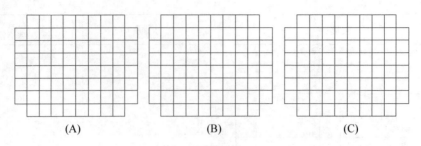

图 4—34　信号波形图

声波接收器 LS_1 前方大于 20cm 的位置，由远而近移动障碍物改变与 LS_2、LS_1 之间的距离，用示波器测量 IC_1 的 "7" 脚输出端出现_____的变化。

六、绘制电路原理图及板图

使用 Protel DXP 2004 软件，绘制电路原理图和 PCB 板图。

（一）绘制电路原理图

要求：在图 4—35 的基础上，使用 Protel DXP 2004 软件，绘制正确的电路原理图。

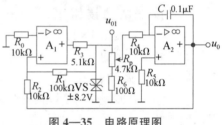

（二）绘制 PCB 板图

要求：在图 4—35 的基础上，使用 Protel DXP 2004 软件，正确绘制 PCB 板图。

图 4—35　电路原理图

（1）图中所有的电阻封装脚距为 500mil，电位器实际尺寸是 25mm×25mm。

（2）电路板尺寸：50mm×40mm。

（3）所有元器件均放置在 Top Layer。电源线和地线宽为 40mil，其他线宽为 10mil，均放在 Bottom Layer。

（4）完成布线，并对布线进行优化调整。

（三）绘制原理图库元件

绘制图 4—36 所示的原理图元件（设置：默认元件编号 U?，默认封装号为 DIP16，第 8、16 脚为隐藏），按图示元件名称进行命名，并最终保存文件。

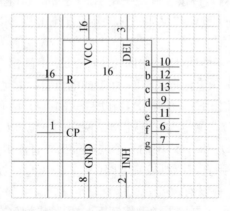

图 4—36　元件名称 CD4026

(四) 绘制元件封装

绘制图 4—37 所示元件封装图形，按图示封装号对元件进行命名，焊盘大小：80mil×80mil，孔径为 40mil，将第 0 号焊盘设为参考点并保存文件。

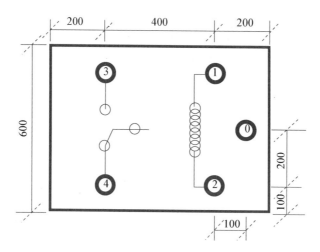

图 4—37　封装号 JZC1

 **项目展示**

一、演示

参加人员：学生组（2 人 1 组）的代表

演示时间：每组 5 分钟

演示内容：

（1）展示本组汽车倒车雷达及测速器实物效果。

（2）简要介绍项目的计划方案和实施方法。

（3）采用小组提问方式，对本项目中各部分电路：超声波发射电路、超声波接收电路、提示音发声电路、单片机电路、直流电动机控制电路、转速检测电路、显示电路以及电源电路等相关内容进行考核。

二、要求

（1）简要介绍本项目操作过程中的得与失。

（2）讲述项目实施过程中的操作流程和注意事项。

项目检验

教师根据学生在实施环节中的表现，以及完成工作计划表的情况对每位学生进行点评。参考教师评价表如下。

学号		姓名		班级	
元器件选择 评价等级		产品焊接工 艺评价等级			
产品装配 评价等级		产品调试检 测评价等级			
安全文明 生产情况					
操作流程 的遵守情况					
仪器与工具 的使用情况					
计划表格 的完成情况					
总评语					

项目扩展

创建 PCB 元器件和元器件库

【任务描述】

PCB 元器件库主要用于对元器件封装进行管理。元器件封装是指实际元器件焊接到电路板上时，在电路板上所显示的外形和焊点位置关系。元器件封装描述的只是元器件的外形和焊点位置，所以纯粹的元器件封装仅仅是空间的概念。在 Protel DXP 的元器件库中，标准的元器件封装、外观和焊盘间的位置关系是严格按照实际的元器件尺寸进行设计的，否则在装配电路板时可能因焊盘间距不正确而导致元器件不能装到电路板上，或者因为外形尺寸不正确，而使元器件之间发生相互干涉，因此在自己设计元器件封装时应当小心谨慎。

一般在对元器件进行封装时都使用 Protel DXP 系统自带的元器件封装。但是随着科技的不断发展和新的集成电路元器件的出现，有些元器件的封装可能不包含在系统自带的封装库中，这就需要用户自己动手进行制作。接下来我们将为大家介绍创建 PCB 元器件和元器件库的基本方法。

一、创建新的 PCB 库

在制作元器件封装之前，首先要启动元器件封装库编辑器。

（1）执行菜单命令【文件】／【创建】／【库】／【PCB 库】，打开 PCB 库编辑窗口，如图 4—38 所示。

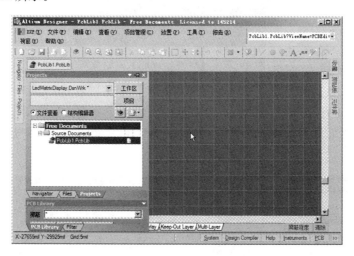

图 4—38　PCB 库编辑窗口

命令执行后，从工作区面板中可以看到系统自动生成一个名为 "PcbLib1. PcbLib" 的元器件封装库，对该库进行保存。

（2）单击工作区面板的【PCB Library】标签，打开【PCB Library】对话框，如图 4—39 所示。

图 4—39　【PCB Library】对话框

（3）从【PCB Library】对话框的【元件】项目中可以看到，系统自动生成了一个名为"PCBCOMPONENT＿1"的空白元器件。移动光标到该元器件上，双击鼠标左键打开【PCB 库元件】对话框，如图 4—40 所示。用户可以通过该对话框更改元器件的名称等参数。

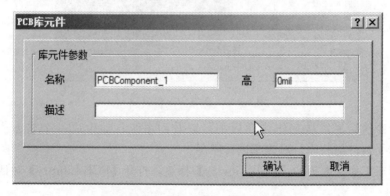

图 4—40　【PCB 库元件】对话框

二、使用 PCB 元器件向导

（1）执行菜单命令【工具】/【新元件】，打开【元件封装向导】对话框，如图4—41 所示。

图 4—41 【元件封装向导】对话框

（2）单击 下一步> 按钮，打开【Component Wizard】对话框，该对话框提示用户选择一个元器件需要的模式（封装类型）。在此以选择"DIP"封装为例，选择好元器件封装后，在"选择单位"下拉文本框中选择使用的单位。在此选择单位"mil"。设置好后，单击 下一步> 按钮，如图 4—42 所示。

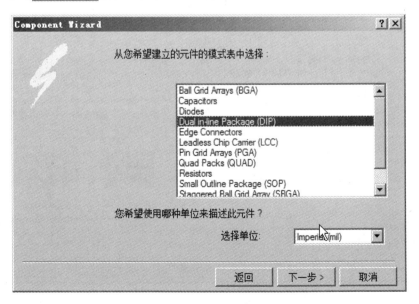

图 4—42 【Component Wizard】对话框

（3）系统弹出【元件封装向导—双列直插式封装】（焊盘尺寸设置）对话框，通过该对话框用户可以设置焊盘的尺寸。本例中，设置焊盘的内径为 34mil、外径为 60mil，如图 4—43 所示。

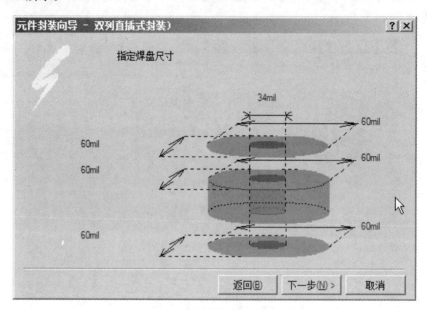

图 4—43　焊盘尺寸设置

（4）设置好焊盘间距后，单击 下一步> 按钮。系统弹出【元件封装向导—双列直插式封装】（焊盘间距设置）对话框，通过该对话框，用户设置焊盘间的水平间距和垂直间距。本例中设置水平间距为 600mil，垂直间距为 100mil，如图 4—44 所示。

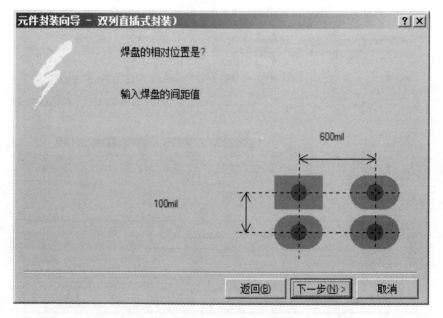

图 4—44　焊盘间距设置

(5) 设置完焊盘间距后，单击 下一步> 按钮，系统弹出【元件封装向导－双列直插式封装】（轮廓宽度设置）对话框，在此选择默认值 10mil，如图 4—45 所示。单击 下一步> 按钮。

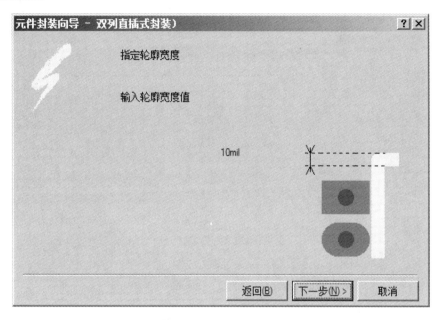

图 4—45　轮廓宽度设置

(6) 此时，系统弹出【元件封装向导—双列直插式封装】（焊盘总数设置）对话框，本例中设置为"40"，如图 4—46 所示。

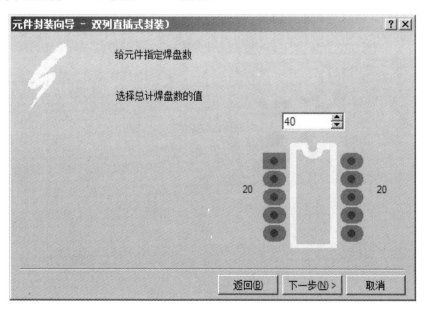

图 4—46　焊盘总数设置

（7）设置完焊盘总数后，单击 下一步> 按钮，打开【元件封装向导－双列直插式封装】（元器件命名）对话框，在此选择默认名称"DIP40"，如图 4—47 所示。单击 下一步> 按钮。

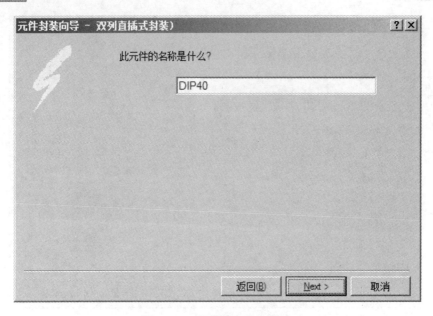

图 4—47　元器件名称的设置

（8）此时弹出【元件封装向导—双列直插式封装】（完成设计）对话框，如图 4—48 所示。如果不需要修改，单击 Finish 按钮，如果需要修改则可单击 返回(B) 按钮，逐级返回进行修改。

图 4—48　元器件完成设计

（9）单击图 4—48 所示对话框中的 Finish 按钮完成设计后，从 PCB 的编辑区可以看到利用向导设计的元器件，如图 4—49 所示。

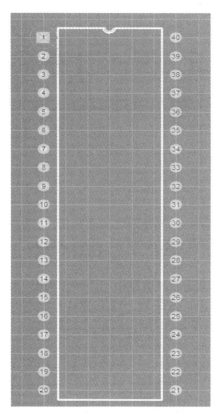

图 4—49　完成的 DIP40 封装设计

在元器件库创建以后，我们除了能通过使用 PCB 元器件向导来创建元器件封装外，还可以选择手工创建 PCB 元器件封装，可以参考其他书籍进行学习。

项目 5

定额感应计数器

复印机是现代办公自动化常用设备之一，如图 5—1 所示。复印机复印速度快、操作简便，与传统的铅字印刷、蜡纸油印、胶印等印刷方法的主要区别在于无需经过制版等中间手段，而能直接从原稿获得复印品。复印机内部控制电路采用单片机作为核心控制器，而在复印机众多功能中，用户最常使用的是在复印的同时对纸张进行自动计数，本项目选取了复印机控制电路中定额感应计数器部分进行安装与调试。

图 5—1　复印机

📠 项目描述

根据定额感应计数器电路原理图，把选取的电子元器件及功能部件正确地安装在产品的印制电路板上。根据电路图和焊接好的电路板，对电路进行调试与检测并根据要求抄板。

一、定额感应计数器实物图

定额感应计数器实物图，如图 5—2 所示。

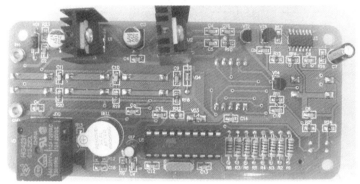

图 5—2　定额感应计数器实物图

二、项目要求

（一）电源工作正常

接上＋12V 电源，电源指示灯蓝灯亮；当按下"Start/Stop"键后，数码显示管点亮，并显示为"00"。

（二）纸张检测电路工作正常

正常通电后，纸张通过光电二极管 T_1 和光电三极管 T_2 间隙时，数码管 IC_4 显示的数字递增。

（三）纸张数量设定电路工作正常

正常通电后，按"Plus"时数码管 IC_4 显示的数字递增，按"Min"时，数码管 IC_4 显示的数字递减；按"Save"键后，纸张通过光电二极管 T_1 和光电三极管 T_2 间隙，数码管 IC_4 显示的数字递减。

（四）蜂鸣器报警电路工作正常

在按下"Save"键时，蜂鸣器 BELL 发出提示音；设定纸张数后完成了印刷，蜂鸣器 BELL 发出 5 秒的提示音。

（五）微处理器及显示电路工作正常

以上 4 部分正常工作。

三、电路原理图

定额感应计数器电路原理图如图 5—3 所示。

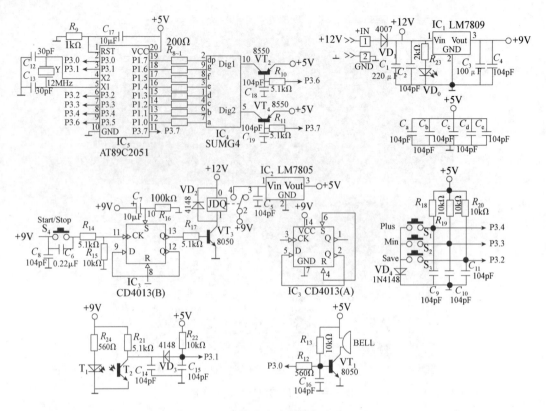

图 5—3 定额感应计数器电路原理图

四、电路框图

定额感应计数器电路框图，如图 5—4 所示。

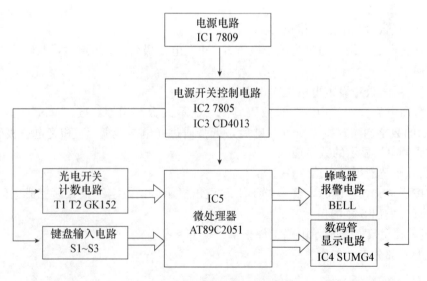

图 5—4 定额感应计数器电路框图

项目分析

定额感应计数器电路主要由以下七部分组成：直流 9V 电源电路、直流 5V 电源开关控制电路、单片机最小系统、数码管显示电路、纸张检测电路、纸张数量设定电路和蜂鸣器报警电路。

（1）直流 9V 电源电路：电路外接直流＋12V 电源，经过三端直流稳压器 LM 7809 稳压后输出直流＋9V，为定额感应计数器电路供电。

（2）直流 5V 电源开关控制电路：电路由轻触按键 S4 为 CD4013 双 D 触发器提供触发信号，控制继电器 JDQ 的导通与关断，决定三端直流稳压器 LM 7805 稳压后 DC 5V 的输出与否。

（3）单片机最小系统：电路由 AT89C2051 作为微控制器，利用单片机 P1 口输出显示信号，P3 口输入/输出控制信号。

（4）数码管显示电路：电路由集成共阳型双位数码管 SN430502 组成，在单片机 P1 口和 P3.6、P3.7 的控制下，实现数据的动态显示。

（5）纸张检测电路：电路主要检测器件为光电开关传感器，当物体通过光电开关时，电路向单片机输入脉冲计数信号。

（6）纸张数量设定电路：电路由轻触按键 $S_{1\sim3}$ 组成，实现"Plus"增加、"Min"减少和"Save"保存功能。

（7）蜂鸣器报警电路：电路由蜂鸣器 BELL 和功放三极管 8050 组成，受单片机 P3.0 口输出信号控制。

 项目信息

一、W7800 系列（W7900 系列）三端固定集成稳压电路

三端式稳压器只有三个引出端子，具有应用时外接元件少、使用方便、性能稳定、价格低廉等优点，因而得到广泛应用。固定式三端集成稳压器一般只有输入、输出、公共接地三个端子，输出电压固定，所以称为三端固定集成稳压器。

记一记
三端固定集成稳压器封装及引脚功能说明。

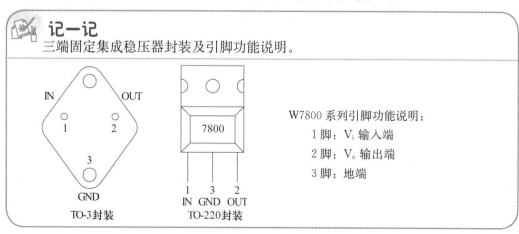

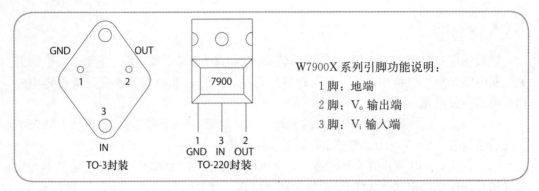

W7900X 系列引脚功能说明：

1 脚：地端

2 脚：$V_\circ$ 输出端

3 脚：V_i 输入端

TO-3封装　　TO-220封装

其中 W7800 和 W7900 两个系列是最常用的，每一个系列在 5～24V 范围内有 7 种不同的档次，负载电流可达 1.5A。7800 系列输出正电压，7900 系列输出负电压。系列的后两位数字表示稳压器的输出电压值，如 7805 表示该集成稳压器的输出电压为 +5V，而 7912 表示输出电压为 -12V。

✏ 写一写

请写出以下四种三端集成稳压器输出电压的额定电压值。

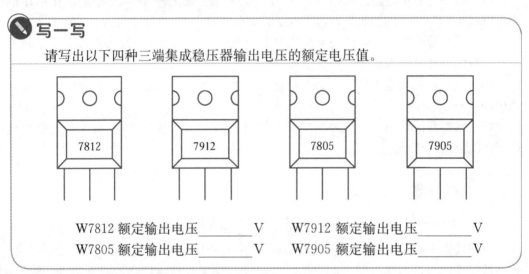

W7812 额定输出电压_____V　　　　W7912 额定输出电压_____V

W7805 额定输出电压_____V　　　　W7905 额定输出电压_____V

在使用集成稳压器时，应注意以下几点：

（1）三端稳压器使用时要求输入电压 U_i 比输出电压 $U_\circ$ 至少高出 2～3V，低于此值则失去稳压作用。

（2）由于芯片内部增益高，组成闭环后易产生振荡，特别是当滤波电容远离芯片时，这时可在芯片输入端附近并联一个电容，一般在 0.1～1μF 之间，而在稳压器输出端常接一个 1μF 的电容 $C_\circ$，当瞬时增减负载电流时不致引起输出电压有较大的波动。

（3）在稳压器输入、输出端接一个保护二极管，可防止输入电压突然降低时，输出电容对输出端放电引起三端集成稳压器的损坏。

（4）大功率稳压电源，应在电路上安装足够大的散热器。

本项目直流 9V 电源电路部分如图 5—5 所示。接入 DC 12V 电源，发光二极管亮，表示电路已经正确接入电源。输入 +12V 直流电经三端直流稳压器 LM 7809 稳压后输出电压 +9V 的直流电，为定额感应计数器电路供电。

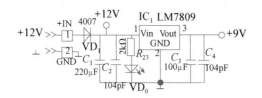

图 5—5　直流 9V 电源电路原理图

为了防止高频干扰信号对电路产生影响，在电路中还增加了 $C_a \sim C_e$ 容值为 104pF 的去耦电容，如图 5—6 所示。

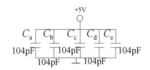

图 5—6　抗高频干扰电路原理图

二、D 触发器与双稳态电路

(一) D 触发器

大多数数字系统使用复杂但极端稳定的定时电路以保证系统运行的同步。例如，一个操作员按下计算机键盘上的一个按键，这个按键的输入信号是异步的，因为它没有与系统的时钟同步。因此，必须采用一种方法使该系统的异步输入信号变成同步信号。这种同步化的方法常常要使用到触发器。

和锁存器一样，触发器也是双稳态器件，而且触发器只能存储一位数据。触发器和锁存器的区别在于它们各自使用的触发方式不同。锁存器电路是脉冲触发，在使能输入脉冲的正电压持续期间或负电压持续期间成为有效的。而触发器是边沿触发器件，用于将触发器触发到置位或清零状态的输入称为时钟（CLOCK）输入。触发器只能在时钟脉冲由低电平向到高电平跳变或由高电平向低电平跳变时，才能受到触发而改变状态。这种同步输入使得触发器能够及时快速地运行。

触发器的输出只能在输入时钟脉冲有效转换（边沿）时才能够响应输入数据。如图 5—7 所示，如果触发器是在时钟由低电平向高电平跳变时触发，就称之为上升沿触发，常常称其为时钟脉冲的正向装换。如果触发器是在时钟由高电平向低电平跳变时触发，就称之为下降沿触发，常常称其为时钟脉冲的负向装换。

图 5—7　时钟（同步）脉冲

触发器中控制门将允许数据输入只在很短的有效时钟转换期间到达锁存器，而在时钟脉冲的上升沿触发还是下降沿触发则取决于触发器的类型。

IC_1（CD4013）为双 D 触发器，由两个相同的、相互独立的数据型触发器构成。每个触发器有独立的数据、置位、复位、时钟输入和 Q 及 $\overline{Q}$ 输出，此器件可用作移位寄存器，且通过 $\overline{Q}$ 将输出连接到数据输入，可用作计数器和触发器。在时钟上升沿触发时，加在 D 输入端的逻辑电平传送到 Q 输出端。置位和复位与时钟无关，而分别由置位或复位线上的高电平完成。

写一写

CD4013 引脚图	引脚序号	引脚功能说明
	1 脚～6 脚	D₁ 触发器
	___脚～___脚	D₂ 触发器
	____脚	GND
	____脚	V_{CC}

表 5—1 前标题：双 D 触发器（CD4013）引脚说明

CD4013 引脚图（左侧图示）：
1 Q1　VCC 14
2 Q1　Q2 13
3 CK1　Q2 12
4 R1　CK2 11
5 D1　S2 10
6 S1　D2 9
7 GND　R2 8

（二）双稳态电路

双 D 触发器 CD4013 可以分别组成一个单稳态电路和双稳态电路，如图 5—8 所示。

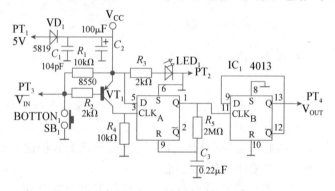

图 5—8　双稳态触发器电路图

IC₁（CD4013）A 构成的单稳态电路主要用于控制信号进行脉宽整形，为保证每次动作可靠，输入下降沿有效，单稳态电路的输出 Q 作为 IC₁（CD4013）B 构成的双稳态电路的时钟信号，双稳态的 $\overline{Q}$ 将输出连接到数据输入 D 端，可用作计数。

双稳态电路有两个稳态，其触发方式为电平触发。输入电平上升到某一值时，触发器翻转，当输入电平下降到某一数值时，触发器会再次翻转，双稳态触发器广泛用于电压比较、波形变换和波形整形。

本项目中直流 5V 电源开关控制电路部分，如图 5—9 所示。接通直流＋9V 后，IC₃（CD4013）接成双稳态电路模式。此时，电路启动"Start"或停止"Stop"的工作状态由

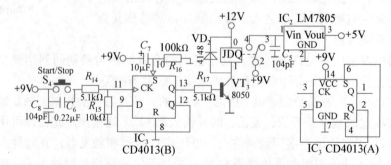

图 5—9　直流 5V 电源开关控制电路原理图

轻触按键 S4 输入，作为 CD4013 双 D 触发器的时钟信号。13 脚 Q 端输出信号，控制继电器 JDQ 的导通与关断，决定三端直流稳压器 LM 7805 稳压后直流＋5V 的输出与否。

三、数码管显示电路

（一）一位数码管与静态显示

静态显示是指当显示器显示某个字符时，相应段的发光二极管处于恒定导通或截止状态，直到需要显示另一个字符为止。

静态显示方式，LED 的亮度高，软件编程比较容易，但要占用比较多的 I/O 端口资源，因此常用于显示位数不多的情况。例如，LED 数码管要显示"0"时，段 a、b、c、d、e、f 导通，g、dp 截止；单片机只需将所要显示的数据送出去，直到下一次显示数据需要更新时再传送一次。利用单只 LED 组合排列成"8"字形的数码管，分别引出它们的电极，点亮相应的点画来显示 0～9 的数字，如图 5—10 所示。对于一位 LED 来说，大于 9 的数字显示均为不正常。

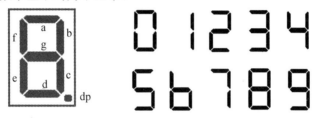

图 5—10 数码管字形

LED 数码管根据 LED 接法不同分为共阴和共阳两类。将多只 LED 的阴极连在一起即为共阴式，而将多只 LED 的阳极连在一起即为共阳式。

写一写

请在下图中填出该电路结构属于哪种接法。

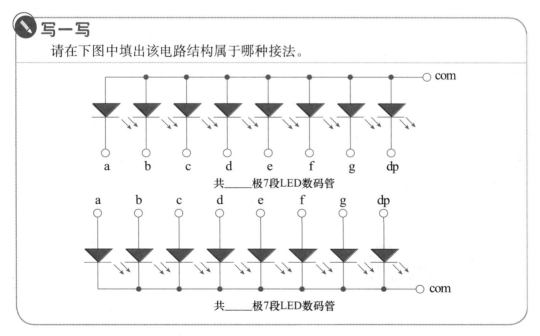

共＿＿＿极7段LED数码管

共＿＿＿极7段LED数码管

（1）共阳极 7 段 LED 数码管：如图 5—11 所示，共阳极数码管，把 COM 脚接

＋V_CC，每只阴极引脚接限流电阻。

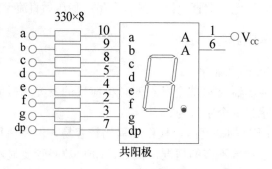

图 5—11 共阳极数码管

（2）共阴极 7 段 LED 数码管：如图 5—12 所示，共阴极数码管，把 COM 脚接 GND，每只阳极引脚接限流电阻。

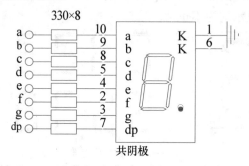

图 5—12 共阴极数码管

（二）组合型数码管模块与动态显示

采用分别驱动 7 段 LED 数码管方式，效率低、耗用较多的器件、成本高。为此可采用多位 7 段 LED 数码管集成在一起的组合型数码管模块。利用快速扫描的驱动方式，达到只要一组驱动电路显示多位 7 段 LED 数码管的目的。有字面向着自己，左下脚为第一脚，以逆时针方向依次为 1～10 脚。1～10 脚分别为：d、dp、e、c、Dig2、b、a、f、g、Dig1。数码管 SN430502 的引脚如图 5—13 所示。

（三）单片机最小系统与数码管直接驱动

单片机要想正常工作首先应该构建单片机最小系统，如图 5—14 所示，该系统由电源电路、复位电路、时钟电路三部分构成，本项目所使用的微处理器为 AT89C2051，引脚及功能说明参见表 5—2。

图 5—13 SN430502 数码管引脚图

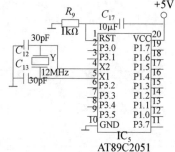

图 5—14 单片机最小系统原理图

表 5—2　　　　　　　　　　　　　AT89C2051 引脚及功能说明

AT89C2051 引脚图	引脚序号	引脚名称	功能说明
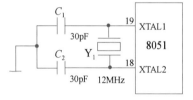	12～19 脚	P1 口	8 位双向 I/O 口
	2～9 脚	P3 口	7 个双向 I/O 引脚
	20 脚	Vcc	电源端＋5V
	10 脚	GND	接地端
	18、19 脚	X1、X2	时钟电路引脚
	1 脚	RES	复位输入

1. 单片机电源电路

单片机正常工作时需要外接＋5V 直流电源供电，电源电压波动范围为±0.5V，连接时 20 脚接＋5V、10 脚接地。

2. 单片机时钟电路

在 MCS-51 芯片内部有一个高增益反相放大器，其输入端为芯片引脚 XTAL1，其输出端为引脚 XTAL2。而在芯片的外部，XTAL1 和 XTAL2 之间跨接晶体振荡器和微调电容，从而构成一个稳定的自激振荡器，这就是单片机的时钟电路。

时钟电路产生的振荡脉冲经过触发器进行二分频之后，才成为单片机的时钟脉冲信号。一般电容 C1 和 C2 取 30pF 左右，晶体的振荡频率范围是 2～12MHz，如图 5—15 所示。晶体振荡频率高，则系统的时钟频率也高，单片机运行速度也就快。MCS-51 在通常应用情况下，使用的振荡频率为 6MHz 或 12MHz。

图 5—15　单片机时钟电路

3. 单片机复位电路

单片机复位是使 CPU 和系统中的其他功能部件都处在一个确定的初始状态，并从这个状态开始工作。无论是在单片机刚开始接上电源时，还是断电后或者发生故障后都需要复位，所以必须弄清楚 MCS-51 单片机的复位条件、复位电路和复位后状态。

单片机的复位条件是：必须使 RST/VPD 引脚 9 加上持续两个以上机器周期的高电平。例如，若时钟频率为 12MHz，则每个机器周期为 1μs，则只需 2μs 以上的高电平，在 RST 引脚出现高电平后的第二个机器周期单片机执行复位。单片机常见的复位电路如图 5—16 所示。

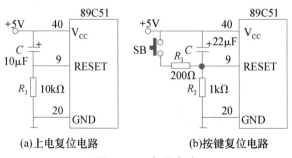

(a)上电复位电路　　　　　　(b)按键复位电路

图 5—16　复位电路

4. 直接驱动数码管电路

本项目数码管显示电路部分如图 5—17 所示，由集成共阳型双位数码管模块 SN430502 构成，在单片机 P1 口和 P3.6、P3.7 的控制下，实现数据的动态显示。其中 $R_{1\sim8}$ 为数码管限流电阻，用于控制流过数码管电流的大小，三极管 VT_1 和 VT_2 使用的是 PNP 型功放三极管 8550，为数码管显示电路提供足够的功率信号。

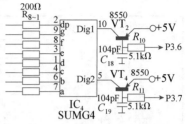

图 5—17 数码管显示电路原理图

双 I/O 口直接驱动数码管电路由 AT89C2051 作为微控制器，直接用 P3 输出扫描信号，用 P1 输出动态显示驱动信号，不使用任何译码芯片，以简化电路，双 I/O 口直接驱动数码管如图 5—18 所示。接上 +12V 电源，电源指示灯蓝灯亮；当按下 "Start/Stop" 键后，数码显示管点亮，并显示为 "00"。

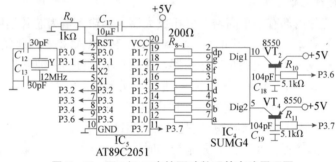

图 5—18 双 I/O 口直接驱动数码管电路原理图

四、纸张检测电路原理图

纸张检测电路如图 5—19 所示，主要检测器件为光电开关传感器，当物体通过光电开关时，电路向单片机输入脉冲计数信号。

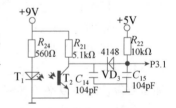

图 5—19 纸张检测电路原理图

五、独立按键与接法

（一）认识独立按键

独立按键的特点是具有自动恢复（弹回）的功能。即按下按钮时其中的接点接通（或切断），放开按钮后，接点恢复为切断（或接通）。

 写一写

请观察按键实物利用已有知识，画出按键电路符号。

按键实物图　　　　　　　　按键电路符号

(二) 单片机与按键的接法

按键作为电路的信号输入元件，需接一只电阻到 V_{CC} 或 GND，如图 5—20 所示。

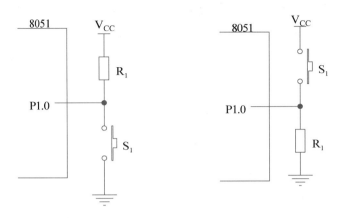

图 5—20 单片机与按键的接法

平时按键开关为开路状态，其中 10kΩ 的电阻连接到 V_{CC}，使输入引脚上保持为高电平信号；若按下按键开关，则经过开关接地，变为低电平信号；放开开关时，恢复为高电平信号，这样将可产生一个负脉冲。反之，平时按键开关为开路状态，其中 470Ω 的电阻接地，使输入引脚上保持为低电平信号；若按下按键开关，则经过开关接 V_{CC}，输入变为高电平信号；放开开关时，输入恢复为低电平信号，这样可产生一个正脉冲。

如图 5—21 所示，纸张数量设定电路由轻触按键 $S_{1\sim3}$ 组成，实现"Plus"增加、"Min"减少和"Save"保存三个功能。当轻触按钮按下时，当轻触按键弹起时，单片机 P3 口口线上输出高电平，电阻 $R_{18}\sim R_{20}$ 为上拉电阻。

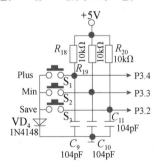

图 5—21 纸张数量设定电路原理图

六、蜂鸣器电路

本项目所采用的蜂鸣器报警电路，如图 5—22 所示。电路由蜂鸣器 BELL 和功放三极管 8050 组成，受单片机 P3.0 口输出信号控制。在按下"Save"键时，蜂鸣器 BELL 发出提示音；设定纸张数后完成印刷，蜂鸣器 BELL 发出 5 秒的提示音。

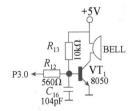

图 5—22 蜂鸣器报警
电路原理图

项目计划

根据上述知识与技术信息，在下表中列出安装与调试定额感应计数器的工作计划。

序号	工作步骤	工具/辅具	注意事项

项目实施

一、职业与安全意识

在完成工作任务的过程中，操作符合安全操作规程。使用仪器仪表、工具操作时安全、规范。注意工具摆放，包装物品、导线线头等的处理，符合职业岗位的要求。遵守实习实训纪律，尊重实习指导教师，爱惜实习实训设备和器材，保持工位的整洁。应尽量避免因操作不当或违反操作规程，造成设备损坏或影响其他同学的正常工作。杜绝浪费材料、污染实习实训环境、遗忘工具在工作现场等不符合职业规范的行为。

二、元器件选择

要求：根据给出的定额感应计数器电路原理图（见图 5—2）和元器件表（见表 5—3），在印制电路板焊接和产品安装过程中，正确无误地从提供的元器件中选取所需的元器件及功能部件。安装材料清单列表见表 5—3。

表 5—3　　　　　　　　　　　　　定额感应计数器元器件列表

序号	标称	名称	型号/规格	参考价格（元）	图形符号	外观	检验结果
1	BELL	蜂鸣器	5V	1.00			
2	C_1	电解电容器※	$220\mu F/16V$	0.50	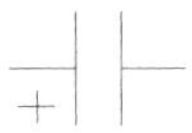		
3	C_2	电容器※	104pF	0.05	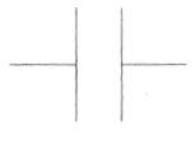		
4	C_3	电解电容器※	$100\mu F/16V$	0.20	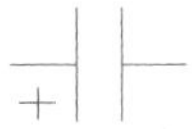		
5	C_4	电容器※	104pF	0.05			
6	C_5	电容器※	104pF	0.05			
7	C_6	电容器※	$0.22\mu F$	0.05			
8	C_7	电解电容器	$10\mu F/16V$	0.08		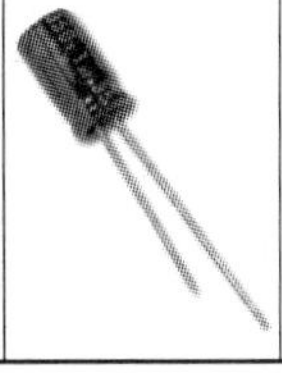	

续前表

序号	标称	名称	型号/规格	参考价格（元）	图形符号	外观	检验结果
9	$C_{8\sim11}$	电容器※	104pF	0.05			
10	$C_{12\sim13}$	电容器※	30pF	0.05			
11	$C_{14\sim16}$	电容器※	104pF	0.05			
12	C_17	电解电容器	10μF/35V	0.20			
13	$C_{18\sim19}$	电容器※	104pF	0.05			
14	$C_{a\sim e}$	电容器※	104pF	0.05			
15	IC_1	三端稳压器	LM7809	0.80			
16	IC_2	三端稳压器	LM7805	0.80			
17	IC_3	触发器※	CD4013	1.50			
18	IC_4	数码管	SUMG4	1.50			
19	IC_5	单片机	AT89C2051	5.50			
20	JDQ	继电器	HG4321	1.60			
21	$R_{1\sim8}$	电阻器	200Ω	0.03			

续前表

序号	标称	名称	型号/规格	参考价格（元）	图形符号	外观	检验结果
22	R_9	电阻器※	1kΩ	0.02			
23	$R_{10\sim11}$	电阻器※	5.1kΩ	0.02			
24	R_{12}	电阻器※	560Ω	0.02			
25	R_{13}	电阻器※	10kΩ	0.02			
26	R_{14}	电阻器※	5.1kΩ	0.02			
27	R_{15}	电阻器※	10kΩ	0.02			
28	R_{16}	电阻器※	100kΩ	0.02			
29	R_{17}	电阻器※	5.1kΩ	0.02			
30	$R_{18\sim20}$	电阻器※	10kΩ	0.02			
31	R_{21}	电阻器※	5.1kΩ	0.02			
32	R_{22}	电阻器※	10kΩ	0.02			
33	R_{23}	电阻器※	2kΩ	0.02			
34	R_{24}	电阻器※	560Ω	0.02			
35	Start	轻触按键	10×10×4.3	0.30			
36	Save	轻触按键	10×10×4.3	0.30			
37	Min	轻触按键	10×10×4.3	0.30			
38	Plus	轻触按键	10×10×4.3	0.30			
39	T_1	光电开关	GK152	1.50			
40	T_2						
41	VD_0	发光二极管※	蓝色	0.20			
42	VD_1	二极管	1N4007	0.20			
43	$VD_{2\sim3}$	二极管※	1N4148	0.05			
44	VD_4	二极管	1N4148	0.05			
45	VT_1	三极管	8050	0.08			
46	VT_2	三极管	8550	0.08			
47	VT_3	三极管	8050	0.08			
48	VT_4	三极管	8550	0.08			
49	Y	晶体振荡器	12MHz	0.60			

续前表

序号	标称	名称	型号/规格	参考价格（元）	图形符号	外观	检验结果
50	IN+	电源正极	SIP1	0.30	>>＋IN⎡1⎤		
51	GND	电源负极	SIP1	0.30	>>⎡2⎤ GND		

备注：在表格中"名称"旁边标有※符号的元器件，表示该元器件为贴片元器件。

元器件选择可按以下四种情况进行评价，见表5—4。

表 5—4   元器件选择评价标准

评价等级	评价标准
A 级	根据元器件列表，元器件选择全部正确，电子产品功能全部实现，定额感应计数器工作正常
B 级	根据元器件列表，电路主要元器件选择正确，在印制电路板上完成焊接，但电路只实现部分功能
C 级	根据元器件列表，电路主要元器件选择错误，在印制电路板上完成焊接，但电路未能实现任何一种功能
D 级	无法根据元器件列表按照要求选择所需元器件，在规定时间内电路板上未能全部焊接上元器件

三、产品焊接

根据给出的定额感应计数器电路原理图（见图5—2），将选择的元器件准确地焊接在产品的印制电路板上。

要求：在印制电路板上所焊接的元器件的焊点大小适中、光滑、圆润、干净，无毛刺；无漏、假、虚、连焊，引脚加工尺寸及成形符合工艺要求；导线长度、剥线头长度符合工艺要求，芯线完好，捻线头镀锡。其中包括：

（一）贴片焊接

贴片焊接工艺按下面标准分级评价，见表5—5。

表 5—5   贴片焊接工艺评价标准

评价等级	评价标准
A 级	所焊接的元器件的焊点适中，无漏、假、虚、连焊，焊点光滑、圆润、干净，无毛刺，焊点基本一致，没有歪焊
B 级	所焊接的元器件的焊点适中，无漏、假、虚、连焊，但个别（1~2个）元器件有下面现象：有毛刺，不光亮，或出现歪焊
C 级	3~5个元器件有漏、假、虚、连焊，或有毛刺、不光亮、歪焊
D 级	有严重（超过6个元器件以上）漏、假、虚、连焊，或有毛刺、不光亮、歪焊
E 级	完全没有贴片焊接

（二）非贴片焊接

非贴片焊接工艺按下面标准分级评价，见表5—6。

表 5—6 非贴片焊接工艺评价标准

评价等级	评价标准
A 级	所焊接的元器件的焊点适中，无漏、假、虚、连焊，焊点光滑、圆润、干净，无毛刺，焊点基本一致，引脚加工尺寸及成形符合工艺要求；导线长度、剥线头长度符合工艺要求，芯线完好，捻线头镀锡
B 级	所焊接的元器件的焊点适中，无漏、假、虚、连焊，但个别（1～2 个）元器件有下面现象：有毛刺，不光亮，或导线长度、剥线头长度不符合工艺要求，捻线头无镀锡
C 级	3～6 个元器件有漏、假、虚、连焊，或有毛刺，不光亮，或导线长度、剥线头长度不符合工艺要求，捻线头无镀锡
D 级	有严重（超过 7 个元器件以上）漏、假、虚、连焊，或有毛刺，不光亮，导线长度、剥线头长度不符合工艺要求，捻线头无镀锡
E 级	超过 1/5 的元器件（15 个以上）没有焊接在电路板上

四、产品装配

根据给出的定额感应计数器电路原理图（见图 5—2），把选取的电子元器件及功能部件正确地装配在产品的印制电路板上。

要求：元器件焊接安装无错漏，元器件、导线安装及元器件上字符标识方向均符合工艺要求；电路板上插件位置正确，接插件、紧固件安装可靠牢固；线路板和元器件无烫伤和划伤处，整机清洁无污物。

电子产品电路装配可按下面标准分级评价，见表 5—7。

表 5—7 电子产品电路装配评价标准

评价等级	评价标准
A 级	焊接安装无错漏，电路板插件位置正确，元器件极性正确，接插件、紧固件安装可靠牢固，电路板安装对位；整机清洁无污物
B 级	元器件均已焊接在电路板上，但出现错误的焊接安装（1～2 个元器件）；或缺少（1～2 个）元器件或插件；或 1～2 个插件位置不正确或元器件极性不正确；或元器件、导线安装及字标方向未符合工艺要求；或 1～2 处出现烫伤和划伤，有污物
C 级	缺少（3～5 个）元器件或插件；3～5 个插件位置不正确或元器件极性不正确；或元器件、导线安装及字标方向未符合工艺要求；3～5 处出现烫伤和划伤，有污物
D 级	缺少 6 个以上元器件或插件；6 个以上插件位置不正确或元器件极性不正确，元器件导线安装及字标方向未符合工艺要求；6 处以上出现烫伤和划伤，有污物

五、产品调试与检测

要求：将已经焊接好的定额感应计数器电路板，进行电路检测并实现电路正常工作。定额感应计数器电路功能参见定额感应计数器项目要求。

在您已经焊接好的线路板上，已经设置了两个故障，请您根据以下的说明加以排除，排除后电路才能工作正常。

（1）故障一：

接上 12V 电源后，按"Start"键，发光二极管 VD₀ 亮，但数码管 IC₄ 没有显示，也不能进行其他操作。请测量 IC₁ 7809 的"3"脚，电压是_____V，再测量 IC₂ 7805 的"3"脚电压是_____V。集成 IC₂ 7805 的"1"脚输入电压是_____V。检查继电器 DJQ 的"2"脚，电压是_____V。故障部位应该在_____的位置。

用万用表检查 IC₁ 输出端"3"脚到继电器 JDQ 的"2"脚的电路，发现电路_____。用导线_____后，再重新开机，数码管 IC₄ 已经有显示，电源故障排除。

（2）故障二：

接上 +12V 电源，电源指示灯亮，当按下"Start/Stop"键后，数码显示管点亮，并显示为"00"。在设定检测纸张数量后按"Save"键，机器检测纸张时数码显示管虽作递减计数，但到了"00"时未能恢复到原设定数量，说明设定纸张数量后，按"Save"键未能_____。故障应在_____电路上。

根据附图 2 电路原理图，按下"Plus"和"Min"时，微处理器 IC₅ 的 P3.4 和 P3.3 由_____电平变为_____电平，而在按下"Save"键后，微处理器 IC₅ 的 P3.2 电平此终为_____电平，说明 IC₅ _____脚至_____电路开路。用万用表检查，发现 IC₅ "6"脚至"Save"键的一个_____。用焊锡或导线连通后，"Save"键保存功能恢复。

六、绘制电路原理图

内容：使用 Protel 2004 DXP 软件，根据提供的某控制电路的实物图和一块印刷电路板，如图 5—23 所示，准确地画出某控制电路的原理图，并在电路原理图中的元器件符号上标明它的标号和标称值（或型号）。

(a) 电路板正面实物图

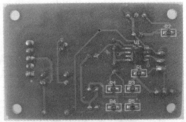

(b) 电路板反面实物图

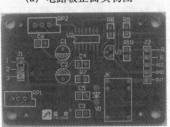

(c) PCB裸板正面实物图

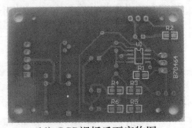

(d) PCB裸板反面实物图

图 5—23　PCB 板图

项目展示

一、演示

参加人员：学生组（2人1组）的代表

演示时间：每组5分钟

演示内容：

（1）展示本组定额感应计数器实物效果。

（2）简要介绍项目的计划方案和实施方法。

（3）采用小组提问方式，对本项目中七部分电路：直流9V电源电路、直流5V电源开关控制电路、单片机最小系统、数码管显示电路、纸张检测电路、纸张数量设定电路和蜂鸣器报警电路的相关内容进行考核。

二、要求

（1）简要介绍本项目操作过程中的得与失。

（2）讲述项目实施过程中的操作流程和注意事项。

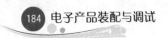 **项目检验**

教师根据学生在实施环节中的表现，以及完成工作计划表的情况对每位学生进行点评。参考教师评价表如下。

学号		姓名		班级	
元器件选择 评价等级		产品焊接工 艺评价等级			
产品装配 评价等级		产品调试检 测评价等级			
安全文明 生产情况					
操作流程 的遵守情况					
仪器与工具 的使用情况					
计划表格 的完成情况					
总评语					

项目扩展

抄板

PCB（Printed Circuit Board），印制电路板，又称印刷电路板、印刷线路板。如图 5—24 所示是重要的电子部件、支撑体，也是电子元器件电气连接的提供者。由于它是采用电子印刷术制作的，故被称为"印刷"电路板。PCB 抄板，即在已经有电子产品实物和电路板实物的前提下，利用反向技术手段对电路板进行逆向解析，将原有产品的 PCB 文件、物料清单（BOM）文件、原理图文件等技术文件以及 PCB 丝印生产文件进行 1∶1 的还原，然后再利用这些技术文件和生产文件进行 PCB 制板、元器件焊接、飞针测试、电路板调试，完成原电路板样板的完整复制。

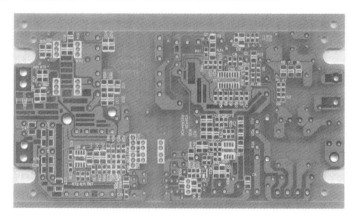

图 5—24　电路板实物图

一、法律争议

PCB 抄板属于反向工程的范畴，自整个概念诞生以来，它就一直处于广泛的争议之下，反向工程在集成电路工业的发展中起着巨大的作用，世界各国厂商无不采用这种方法来了解别人产品的发展，如果严格禁止这种行为，便会对集成电路技术的进步造成影响，所以各国在立法时都在一定条件下将此视为一种侵权的例外。为了教学、分析和评价布图设计中的概念、技术，或者布图设计中采用的电路、逻辑结构、元件配置而复制布图设计以及在此基础上将分析评价结果应用于具有原创性的布图设计之中，并据此制造集成电路，均不视为侵权。但是，单纯地以经营销售为目的而复制他人受保护的布图设计而生产集成电路，应视为侵权行为。

2007 年 1 月中国最高人民法院公布《关于审理不正当竞争民事案件应用法律若干问题的解释》，规定通过自行开发研制或者反向工程等方式获得的商业秘密，不认定为反不正当竞争法有关条款规定的侵犯商业秘密行为。

该司法解释同时规定，反向工程是指通过技术手段对从公开渠道取得的产品进行拆卸、测绘、分析等而获得该产品的有关技术信息。当事人以不正当手段知悉了他人的商业秘密之后，又以反向工程为由主张获取行为合法的，不予支持。

该司法解释于 2007 年 2 月 1 日起正式实施。目前许多正规的抄板单位如龙人 PCB

工作室、世纪芯、芯谷等机构都有明确规定，凡在公司进行反向工程的客户，必须有合法的设计版权来源声明，以保护原创设计版权所有者的合法权益，并要求客户承诺反向成果主要用于教学、分析、技术研究等合法用途。同时，反向工程致力于在原有产品设计思路上进行二次开发，通过电路原理分析与资料提取，在产品设计中加入新的设计理念与功能模块，快速在原有产品基础上实现创新升级与更新换代，助力电子行业整体竞争力的提升。

二、技术过程

PCB 抄板的技术实现过程简单来说，就是先将要抄板的电路板进行扫描，详细记录元器件的位置，然后将元器件拆下来做成物料清单（BOM）并安排物料采购，空板则扫描成图片经抄板软件处理或通过人工绘制还原成 PCB 板图文件，然后再将 PCB 文件送制板厂制板，板子制成后将采购到的元器件焊接到制成的 PCB 板上，经过电路板测试和调试即可。具体技术步骤如下：

第一步：拿到一块实物印制电路板后，首先应在纸上记录好所有元器件的型号、参数、位置，尤其是二极管、三极管的方向，集成电路 IC 缺口的方向等信息。

第二步：拆掉所有器件，并将焊盘孔内的锡去掉。用酒精将 PCB 清洗干净，放入扫描仪内，扫描仪扫描的时候需要稍调高一些扫描的像素，以便得到较清晰的图像。再用水砂纸将顶层和底层轻微打磨，打磨到铜膜发亮，放入扫描仪，启动 Photoshop 软件用彩色方式将两层分别扫入。注意印制电路板在扫描仪内摆放要横平竖直，否则扫描出的图象就无法使用。

第三步：调整画布的对比度、明暗度，使有铜膜的部分和没有铜膜的部分对比强烈，然后将次图转为黑白色，检查线条是否清晰。如果不清晰，则重复本步骤。如果清晰，将图存为黑白 bmp 格式文件 Top. bmp 和 Bottom. bmp，如果发现图形有问题还可以用 Photoshop 进行修补和修正。

第四步：将两个 bmp 格式的文件分别转换为 Protel 格式文件，在 Protel 中调入两层，如果两层的焊盘（Pad）和过孔（Via）的位置基本重合，表明前几个步骤做得很好，如果有偏差，则重复第三步。因此 PCB 抄板是一项需要耐心的工作，一点小问题都会影响到质量和抄板后的匹配程度。

第五步：将 TOP 层的 bmp 文件转化为 Top. Pcb，转化到丝印层（Silk Layer），然后在 TOP 层画线，根据第二步的图纸放置器件。画完后将 Silk 层删掉。不断重复直到绘制好所有的层。

第六步：在 Protel 中将 Top. Pcb 和 Bottom. Pcb 调入合并为一张电路图。

第七步：用激光打印机将 Top Layer 层和 Bottom Layer 层，按照 1：1 的比例分别打印到透明胶片上，把胶片放在原 PCB 上，认真比较是否存在错误。如果没有，则抄板完毕。

附 录
2011年全国职业院校电工电子技能大赛电子产品装配与调试项目任务书

工位号：   **成绩：**

说明：

本次比赛共有搭建、调整两室温度控制电路，装配及检测数字网线测试仪，绘制电调谐调频收音机电路图等工作任务。完成这些工作任务的时间为 270 分钟。按完成工作任务的情况和在完成工作任务过程中的职业与安全意识，评定成绩，满分为100 分。

工作任务内容：

一、搭建、调整两室温度控制电路（本大项分 2 项，第 1 项 14 分，第 2 项 6 分，共 20 分）

1. 搭建电路

使用 YL—291 单元电子电路模块，根据给出的两室温度控制电路原理图（附图 1）和《两室温度控制功能与操作说明》，搭建两室温度控制电路。

（1）搭建电路要求：

● 正确找出基本模块搭建电路；

● 从计算机提供的几种电子产品的程序中，下载适合《两室温度控制电路原理图》的功能程序到应用的微处理器中；

● 调整低温工作室温度控制范围 15～20℃，高温工作室温度控制范围 55～65℃。

● 模块排列整齐、紧凑，地线、电源线、信号线颜色统一。

（2）电路正常工作要求：

● 键盘与液晶显示器工作正常；

● 温度设置电路工作正常，温度控制电路工作正常；

● 提示音电路工作正常。

2. 根据《两室温度控制电路原理图》（附图 1），在下面空白处画出电路的方框原理图。

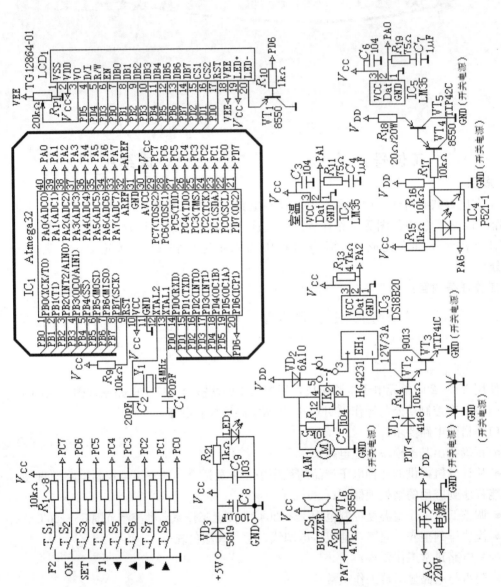

附图 1　两室温度控制电路图

二、数字网线测试仪的装配与检测（本大项分五项，第（一）项 **20** 分，第（二）项 **16** 分，第（三）项 **7** 分，第（四）、（五）项各 **6** 分，共 **55** 分）

（一）数字网线测试仪元器件检测、焊接与装配（本项分 3 项，第 1 项 4 分，第 2 项 10 分，第 3 项 6 分，共 20 分）

1. 根据给出的《数字网线测试仪》电路图（附图 2）和数字网线测试仪元器件中的 LED 数码管实物，画出 LED 数码管的内部连接方式。

2. 产品焊接（本项目分 2 小项，每小项 5 分，共 10 分）。

根据《数字网线测试仪》电路图（附图 2）和《数字网线测试仪元器件清单》（附表 1），从提供的元器件中选择元器件，准确地焊接在赛场提供的印刷电路板上。

要求：在印刷电路板上所焊接的元器件的焊点大小适中、光滑、圆润、干净，无毛刺；无漏、假、虚、连焊，引脚加工尺寸及成形符合工艺要求；导线长度、剥线头长度符合工艺要求，芯线完好，捻线头镀锡。其中包括：

（1）贴片焊接（本小项 5 分）；

（2）非贴片焊接（本小项 5 分）。

3. 产品装配

根据给出的《数字网线测试仪》原理图（附图 2），把选取的元器件及功能部件正确地装配在赛场提供的印刷电路板上。

要求：元器件焊接安装无错漏，元器件、导线安装及元器件上字符标示方向均应符合工艺要求；电路板上插件位置正确，接插件、紧固件安装可靠牢固；线路板和元器件无烫伤和划伤处，整机清洁无污物。

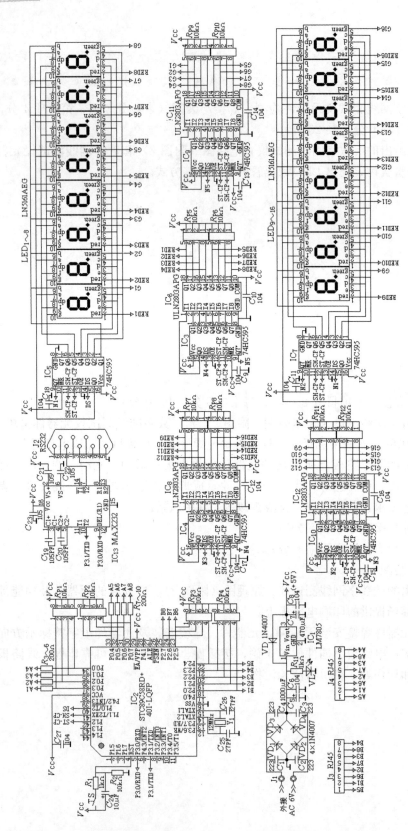

附图 2　数字网线测试仪电路图

附表1　　　　　　　　　　　　数字网线测试仪元器件清单

序号	标称	名称	规格	序号	标称	名称	规格
1	$C_{1\sim4}$	电容器※	223	19	J_1	电源插孔	SIP×2
2	C_5	电解电容器	$1000\mu F/25V$	20	J_2	程序下载连接器	DB9
3	C_6	电容器※	104	21	$J_{3\sim4}$	网线插座	RJ45
4	C_7	电解电容器	$470\mu F/25V$	22	$LED_{1\sim16}$	双色数码管	LN5161AEG
5	$C_{8\sim18}$	电容器※	104	23	R_1	电阻器※	$1k\Omega$
6	$C_{19\sim23}$	电容器※	105	24	R_2	电阻器※	$10\ k\Omega$
7	C_{24}	电解电容器	$10\mu F/16V$	25	$R_{3\sim10}$	电阻器※	200Ω
8	$C_{25\sim26}$	电容器※	27 pF	26	R_{11}	电阻器※	$1k\Omega$
9	C_{27}	电容器※	104	27	$R_{P1\sim P12}$	排阻器※	$10\ k\Omega$
10	IC_1	三端稳压器（配散热器）	LM7805	28	S	微动按钮	6×6×5
11	IC_2	集成块※	STC89C58RC	29	VD	二极管※	1N4007
12	$IC_{3\sim5}$	集成块※	74HC595	30	$VD_{1\sim4}$	二极管	1N4007
13	IC_6	集成块※	ULN2803APG	31	VL	发光二极管※	红色
14	IC_7	集成块※	74HC595	32	Y	晶体振荡器	12MHz
15	IC_8	集成块※	ULN2803APG	33		电源线（带插头）	红、黑一付
16	$IC_{9\sim10}$	集成块※	74HC595	34		导线	多芯线7×0.1一段
17	$IC_{11\sim12}$	集成块※	ULN2803APG	35		铜质垫脚	4根
18	IC_{13}	集成块※	MAX232				

注：在表格中"名称"旁边标有※符号的元器件，表示该元器件为贴片元器件。

（二）数字网线测试仪检修（本项分2项，每项8分，共16分）

要求：在您已经焊接好的《数字网线测试仪》线路板上，已经设置了两个故障。请您根据《数字网线测试仪》电路原理和电路功能（电路功能看提供的《数字网线测试仪原理与功能》）加以排除，故障排除后电路才能正常工作。并请完成以下的检修报告。

1. 故障一　　　　　　　　　　检修报告

故障现象（2分）	
故障检测（4分）	
故障点（1分）	
故障排除（1分）	

2. 故障二

检修报告

故障现象（2分）	
故障检测（4分）	
故障点（1分）	
故障排除（1分）	

（三）数字网线测试仪电路工作正常（本项分3项，第1项3分，第2项2分，第3项2分，共7分）

1. 数字网线测试仪接入6V交流电，电源指示灯VL亮；IC_1 LM7805输出"3"脚输出电压V_{CC}（+5V）正常；数码管LED1亮红色数字"1"，其余数码管不亮。

2. 用芯线序号连接正确的网线（灰色）两端分别插入J_3和J_4插座（RJ45），此时数字网线测试仪$LED_{1\sim8}$和$LED_{9\sim15}$两排数码管均按顺序显示绿色$1\sim8$数字。拨除网线后两排数码显示管只显示绿色单个相同数字，按复位键S后，回到数码管LED_1亮红色数字"1"，其余数码管不亮。

3. 用芯线错误连接的网线（蓝色）两端分别插入J_3和J_4插座（RJ45），此时数字网线测试仪两排$LED_{1\sim8}$和$LED_{9\sim15}$数码管显示为：数字1为绿色（1号芯线连接正确）；数字2、3（或3、2）为红色（2、3号芯线序号错误）；数字4为绿色（4号芯线连接正确）；数字5、6红色横杠（5、6号芯线短路）；数字7没有显示（7号芯线断路）；数字8为绿色（8号芯线连接正确）。

（四）数据测量（本项共6分）

要求：用示波器的量程范围$500\mu s/div$、$2V/div$，测量数字网线测试仪电路中IC_2 STC89C58RD+的"41"、"42"脚数据，并把它们记录在下面的表格中。

"41"脚波形：

波形（1分）	频率（1分）	幅度（1分）

"42" 脚波形：

波形（1分）	频率（1分）	幅度（1分）

（五）装配工艺卡片编制（本项分2项，每项各3分，共6分）

根据装配工艺卡片指定的数字网线测试仪元器件，完成下面装配工艺卡片的编制。

1. 请把下表《装配工艺过程卡片》中的"序号（位号）"列出的各元器件，在"以上各元器件插装顺序是："一栏中编制插装顺序（可归类处理）。

2. 根据《装配工艺过程卡片》中的"图样"，在"工艺要求"一列中的空格里填写工艺要求。

装配工艺过程卡片

装配工艺过程卡片		工序名称 插件	产品图号 PCB-20110625	
序号（位号）	装入件及辅助材料 代号、名称、规格	数量	工艺要求	工装名称
	代号、名称	规格			
R_2	0805 贴片电阻	$10k\Omega \pm 5\%$	1		镊子、剪切、电烙铁等常用装接工具
R_5、R_8	0805 贴片电阻	$200\Omega \pm 5\%$	1	
C_5	CD11 电解电容	$1000\mu F/25V$	2	按图2（c）安装，注意电容正负极性
C_7	CD11 电解电容	$470\mu F/25V$	
C_{24}	CD11 电解电容	$10\mu F/16V$	1	按图2（e）安装
Y_1	晶振	12MHz	1	贴底板安装
J_2	程序下载连接器	DB9	1	贴底板安装
J_3、J_4	网线插座	RG45	2	贴底板安装
IC_1	三端集成稳压器	LM7805	1	用螺钉将7805与散热器固定，将7805弯脚后装入电路板，用螺母固定后再焊接
以上各元器件插装顺序是：				

图样			

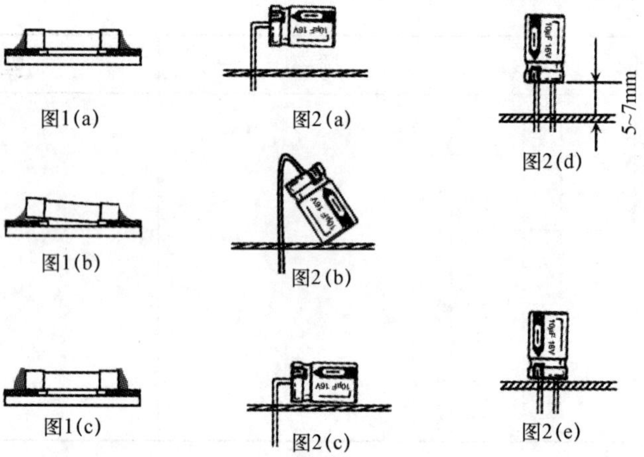

图1(a)　　　　图2(a)　　　　图2(d)

图1(b)　　　　图2(b)

图1(c)　　　　图2(c)　　　　图2(e)

旧底图总号	更改标记	数量	更改单号	签名	日期		签名	日期	第　页
						拟制			
						审核			共　页
底图总号						标准化			第　册
									第　页

三、绘画电路图和绘制元器件 PCB 封装图（本大项分 2 项，第 1 项 13 分，第 2 项 2 分，共 15 分）

说明：选手在 E 盘根目录下以工位号为名建立文件夹（×× 为选手工位号，只取后两位），选手竞赛画出的电路图命名为 Sch××.schdoc，PCB 元件封装库文件为 splib××.PcbLib，并存入该文件夹中。选手如不按说明存盘，将不可能给予评价。

1. 绘画电路图

内容：使用 Protel 2004 DXP 软件，根据赛场提供的《电调谐调频收音机》实物电路和一块印刷电路板，准确地画出《电调谐调频收音机》的电路图，并在电路图中的元器件符号上标明它的标号和标称值或型号（在实物电路上部分元器件没有标称值，可根据下表给出的参数给予补充）。

标称	规格	标称	规格	标称	规格
C_1	$0.1\mu F$	C_{14}	$0.1\mu F$	VD_2	LED
C_3	$0.1\mu F$	C_{18}	$0.1\mu F$	VD_3	1N4007
C_5	$0.1\mu F$	L_1	70nH	VT_1	C9014
C_{12}	$0.1\mu F$	L_2	78nH		

2. 绘制元器件 PCB 封装图

请根据《电调谐调频收音机》实物电路，绘制 J_2 耳机插座 PCB 封装图。

四、职业与安全意识（本大项 10 分）

操作符合安全操作规程；工具摆放、包装物品、导线线头等的处理，符合职业岗位的要求；遵守赛场纪律，尊重赛场工作人员，爱惜赛场的设备和器材，保持工位的整洁。

1. 工作过程安全；
2. 仪器仪表操作规范安全；
3. 工具使用安全、规范；
4. 搭建模块安全摆放；
5. 纪律、清洁。

《集成电路与器件介绍》

一、IC₁ LM 7805

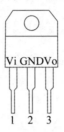

引脚说明：

1 脚：Vi 输入端；　　　　　2 脚：GND 接地端；

3 脚：Vo 输出端。

二、IC₂ STC89C58RD＋

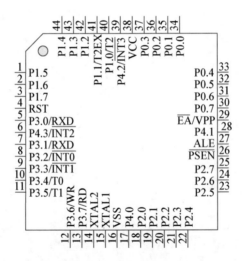

引脚功能说明：

30～37 脚：P0 口，是一个 8 位漏极开路的双向 I/O 口；

40～44 脚，1～3 脚：P1 口，是一个具有内部上拉电阻的 8 位双向 I/O 口；

18～25 脚：P2 口是一个具有内部上拉电阻的 8 位双向 I/O 口；

5，7～13 脚：P3 口；P3 是一个具有内部上拉电阻的 8 位双向 I/O 口；

4 脚：RST 复位；

14～15 脚：基准脉冲振荡；

17，28，39，6 脚：P4.0 口；

16 脚：VSS 接地；

26 脚：PSEN，程序储存允许（PSEN）输出是外部程序存储器的读选通信号；

27 脚：ALE/PROG，当访问外部程序存储器或数据存储器时，ALE（地址锁存允许）输出脉冲用于锁存地址的低 8 位字节；

29 脚：EA/VPP，外部访问允许；

38 脚：电源，VCC。

提示：该微处理器 IC_2 STC89C58RD＋应用在数字网线测试仪的程序，已存放在计算机上。

三、$IC_{3\sim5,7,9,10}$ 74HC595

引脚功能说明：

15，1～7 脚：Q0～7，8 位数据并行输出端。直接控制数码管的 8 个段。

8 脚：GND，接地。

9 脚：Q7′，级联输出端。

10 脚：$\overline{MR}$，低点平时将移位寄存器的数据清零。

11 脚：SH-CP，上升沿时数据寄存器的数据移位。下降沿移位寄存器数据不变。

12 脚：ST-CP，上升沿时移位寄存器的数据进入数据存储寄存器，下降沿时存储寄存器数据不变。当移位结束后，产生一个正脉冲，更新显示数据。

13 脚：$\overline{OE}$，高电平时禁止输出（高阻态）。

14 脚：DS，串行数据输入端。

16 脚：电源 VCC。

四、$IC_{6,8,11,12}$ ULN2803APG

引脚功能说明：

1～8 脚：信号输入脚；

11～18 脚：信号输出脚；

9 脚：GND；

10 脚：保护二极管公共阴极。

五、IC_{13} MAX232

引脚功能说明：

1、2、3、4、5、6 脚：产生＋12V 和－12V 两个电源

7 脚：T2OUT	8 脚：R2IN
9 脚：R2OUT	10 脚：T2IN

11 脚：T1IN   12 脚：R1OUT

13 脚：R1IN   14 脚：T1OUT

15 脚：GND   16 脚：VCC（＋5V）

六、LED$_{1\sim16}$双色数码管

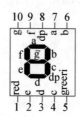

引脚说明：

1 脚：红色驱动；共阴极；   2 脚：数段 e；

3 脚：数段 d；   4 脚：数段 c；

5 脚：绿色驱动；共阴极；   6 脚：数段 b；

7 脚：数段 a；   8 脚：小数点 dp；

9 脚：数段 f；   10 脚：数段 g。

两室温度控制功能与操作说明

一、开机

所有线路连接好后，打开电源。此时液晶显示屏无显示。按"F2"键开机，液晶显示屏上显示开机画面。几秒钟后，液晶显示屏显示测温主界面，如下图：

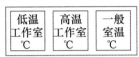

界面上显示"低温工作室"、"高温工作室"和"一般室温"的温度。此时，如果"低温工作室"测得的温度高于设置上限温度时就开始制冷，低于设置下限时就停止制冷。如果"高温工作室"测得的温度低于设置的下限温度时就开始加热，高于设置的上限温度时就停止加热。"一般室温"就是测得的当时的室内温度。低温工作室的设置温度范围为 10～20℃，高温工作室的设置温度范围为 50～70℃，上、下限温度设置请参考下面说明。

二、设置

（1）按下"SET"健后，主界面进入设置界面，如下图所示：

此时按 F1 键选择设置低温工作室或高温工作室进行温度设置。按向上键▲一次温度加 1℃，按向下键▼一次温度减 1℃，按 OK 键保存设置的温度。

（2）温度设置范围为：

低温工作室：10～20℃；高温工作室：50～70℃。

（3）注意事项：

电路图中的符号 表示开关电源的地线与普通地线相连接。

三、警示

每按一次按键，蜂鸣器发出提示声音一次。

数字网线测试仪原理与功能

一、工作原理

数字网线测试仪的信号检测是按网线一端芯线序号 1~8 顺序排列的 8 条线与微处理器 P0 口的 8 个 I/O 连接，网线另外一端芯线序号 1~8 顺序排列的 8 条线与微处理器 P2 口的 8 个 I/O 口连接。由 P0 口发送一组数据，经过网线到单片机 P2 口接收，当 P2 口接收到的数据与 P0 口发送的数据一样时说明网线中的芯线接线正确，然后微处理器 P2 口也发送一组和 P1 口一样的数据再验证结果是否正确，经过微处理器两组 P 口双向检测后，可以确定检测出来的结果是准确的。

二、功能

系统采用两排 LED$_{1~8}$ 和 LED$_{9~15}$ 双色数码管显示的数字，分别代表插入 J$_3$ 和 J$_4$ 插座 RJ45 的网线两端芯线序号，为了使测试结果直观，数码管绿色显示时表示网线中芯线按序号接线正确，红色显示时表示网线中芯线错误连接，如果没有显示，则表示该序号芯线没有连接。

（1）数字网线测试仪接入 6V 交流电，电源指示灯 VL 亮，数码管 LED$_1$ 亮红色数字 "1"，其余数码管不亮。

（2）用芯线序号正确连接的网线（灰色）两端分别插入 J$_3$ 和 J$_4$ 插座 RJ45，此时测试仪 LED$_{1~8}$ 和 LED$_{9~15}$ 两排数码管均按绿色显示 1~8 数字。拨除网线后两排数码显示管只显示绿色单个相同数字，按复位键 S 后，回到数码管 LED1 亮红色数字 "1"，其余数码管不亮。

（3）用芯线错误连接的网线（蓝色）两端分别插入 J3 和 J4 插座 RJ45，此时测试仪两排 LED$_{1~8}$ 和 LED$_{9~15}$ 数码管显示为：数字 1 为绿色（1 号芯线连接正确）；数字 2、3 为红色（2、3 号芯线序号错误）；数字 4 为绿色（4 号芯线连接正确）；数字 5、6 红色横杠（5、6 号芯线短路）；数字 7 没有显示（7 号芯线断路）；数字 8 为绿色（8 号芯线连接正确）。

提示：数字网线测试仪微处理器 IC$_2$ STC89C58RD＋的程序，已存放在计算机上。

参考文献

[1] 赵广林. 常用电子元器件识别/检测/选用一读通 [M]. 北京：电子工业出版社，2008.

[2] 李关华，聂辉海. 电子产品装配与调试备赛指导 [M]. 北京：高等教育出版社，2010.

[3] 林红华，聂辉海，陈红云. 电子产品模块电路及应用 [M]. 北京：机械工业出版社，2011.

[4]（日）晶体管技术编辑部编，杨洋等译. 电子技术——原理·制作·实验 [M]. 北京：科学出版社，2005.

[5] 宋贵林，姜有根. 电子线路 [M]. 北京：电子工业出版社，2008.

图书在版编目（CIP）数据

电子产品装配与调试/冯佳主编. —北京：中国人民大学出版社，2012.4
中等职业教育规划教材
ISBN 978-7-300-15436-7

Ⅰ.①电… Ⅱ.①冯… Ⅲ.①电子产品-生产工艺-中等专业学校-教材②电子产品-调试方法-中等专业学校-教材 Ⅳ.①TN05②TN06

中国版本图书馆 CIP 数据核字（2012）第 056406 号

中等职业教育规划教材
电子产品装配与调试
主编 冯 佳
主审 古燕莹

出版发行	中国人民大学出版社			
社　　址	北京中关村大街 31 号		邮政编码	100080
电　　话	010－62511242（总编室）		010－62511398（质管部）	
	010－82501766（邮购部）		010－62514148（门市部）	
	010－62515195（发行公司）		010－62515275（盗版举报）	
网　　址	http://www.crup.com.cn			
	http://www.ttrnet.com（人大教研网）			
经　　销	新华书店			
印　　刷	北京鑫丰华彩印有限公司			
规　　格	185 mm×260 mm　16 开本		版　　次	2012 年 5 月第 1 版
印　　张	13.25		印　　次	2012 年 5 月第 1 次印刷
字　　数	259 000		定　　价	29.00 元

教师信息反馈表

为了更好地为您服务，提高教学质量，中国人民大学出版社愿意为您提供全面的教学支持，期望与您建立更广泛的合作关系。请您填好下表后以电子邮件或信件的形式反馈给我们。

您使用过或正在使用的我社教材名称		版次	
您希望获得哪些相关教学资料			
您对本书的建议（可附页）			
您的姓名			
您所在的学校、院系			
您所讲授课程的名称			
学生人数			
您的联系地址			
邮政编码		联系电话	
电子邮件（必填）			
您是否为人大社教研网会员	□ 是，会员卡号：____________ □ 不是，现在申请		
您在相关专业是否有主编或参编教材意向	□ 是　　　□ 否 □ 不一定		
您所希望参编或主编的教材的基本情况（包括内容、框架结构、特色等，可附页）			

我们的联系方式：北京市海淀区中关村大街 31 号

中国人民大学出版社教育分社

邮政编码：100080

电话：010-62515941

网址：http://www.crup.com.cn/jiaoyu/

E-mail：jyfs_2007@126.com